孩子的财富创造力

怎样从小培养

儿童财商

金钱教育的实质是
幸福教育和人格教育
一个人的金钱观
会影响他一生的幸福

教养法

蒋振军 著

九州出版社
JIUZHOUPRESS

图书在版编目（CIP）数据

儿童财商教养法：怎样从小培养孩子的财富创造力 / 蒋振军著.
-- 北京：九州出版社，2024.5
ISBN 978-7-5225-2832-8

Ⅰ．①儿… Ⅱ．①蒋… Ⅲ．①财务管理－儿童读物
Ⅳ．①TS976.15-49

中国国家版本馆 CIP 数据核字(2024)第 077767 号

儿童财商教养法：怎样从小培养孩子的财富创造力

作　　者	蒋振军 著
责任编辑	陈春玲
出版发行	九州出版社
地　　址	北京市西城区阜外大街甲 35 号(100037)
发行电话	(010)68992190/3/5/6
网　　址	www.jiuzhoupress.com
印　　刷	成都荆竹园印刷厂
开　　本	700 毫米×1000 毫米　　16 开
印　　张	15
字　　数	230 千字
版　　次	2024 年 5 月第 1 版
印　　次	2024 年 7 月第 1 次印刷
书　　号	ISBN 978-7-5225-2832-8
定　　价	78.00元

序

经常有家长咨询孩子在金钱方面的问题，比如，孩子乱花钱怎么办？孩子偷钱怎么办？孩子自己舍不得花钱却慷慨地借钱给同学，而且多数时候要不回来，应该如何阻止孩子这种行为？孩子多大年龄给零花钱？给多少？怎么给？家务劳动要不要给报酬？孩子考了好成绩应不应该给予金钱奖励？有的家长说不敢给孩子零花钱，因为钱一到手，孩子就花掉，给多少花多少……

一个人如何对待金钱折射出他的金钱观、价值观和习惯。一个人的金钱观、价值观和习惯多源于小时候的家庭环境和所接受的教育，并且影响孩子的一生。

儿童财商教育是利用金钱作为工具，从小培养孩子良好的金钱观、价值观、行为习惯和驾驭金钱的智慧，为孩子未来的生活、工作和事业奠定良好的基础。

现在大多数孩子手里都有零花钱，那么，如何教会孩子正确认识金钱，合理使用零花钱，从而培养孩子掌控金钱、驾驭金钱的能力和智慧成了困惑很多家长的问题。很多目光长远、教育理念超前的家长开始重视孩子的财商教育。著者做儿童财商教育有十几年的时间了，在与孩子和老师探究、研发课程中，以及在与家长沟通如何在家庭中创设财商教育环境有了很大的收获，在此总结成《儿童财商教养法》分享给读者。

儿童财商教育越来越受到年轻父母的重视，网上有很多关于儿童财商教育方面的图书、绘本和视频，但多数偏理念化，内容比较碎片化，缺乏系统性、实用性和可操作性。本书致力于为家长提供一套系统、实用和可操作的方法，贯穿3~12岁，依据孩子不同阶段的认知模式和心理发展，将方法和理念从多个维度展现给大家，希望能够给读到此书的家长朋友提供一套系统的财商教养方法。

目 录

序 ·· 001

为什么要培养孩子的财商？ ··· 001
什么是儿童财商教养法？ ··· 003
儿童财商教养法的诞生 ··· 004
家庭财商教育环境创设 ··· 005
如何使用这本书？ ··· 009
Part 1 儿童财商教养法（3～4 岁）····································· 011
　　三个储蓄罐之一 ··· 012
　　认识小硬币 ··· 014
　　寻宝游戏 ··· 015
　　购物游戏 ··· 015
　　去超市 ··· 016
　　一共有多少钱？ ··· 016
　　换一换，交朋友 ··· 018
　　运输小硬币 ··· 019
　　延迟满足 ··· 020
　　三个储蓄罐之二 ··· 024
　　玩具回家 ··· 027

Part 2　儿童财商教养法（4~5岁） ·· 029

妈妈的生日 ··· 030

认识纸币 ··· 031

1角＝1元吗？ ··· 032

1元＝10元吗？ ··· 040

你要多少钱？ ··· 044

生活中的数字 ··· 050

购物游戏 ··· 057

自己去购物 ··· 058

攒钱买玩具 ··· 059

小猴子过冬 ··· 060

小猪吃玉米 ··· 061

少带孩子逛商场 ··· 064

我是家庭一员 ··· 066

社会实践——我是小小CEO ··· 068

Part 3　儿童财商教养法（5~6岁） ·· 069

爸爸妈妈有永远花不完的钱吗？ ··· 070

铅笔和棒棒糖买哪个？ ··· 072

买需要的，少买想要的 ··· 075

闲物不闲值 ··· 076

以物易物 ··· 077

钱的主人 ··· 079

1元＝100元？ ··· 081

妈妈手里有多少钱？ ··· 087

我和妈妈坐沙发 ··· 095

一共多少钱？ ··· 102

还剩多少钱？ ··· 105

购物游戏 ··· 107

钱币宝宝大聚会 ··· 108

买新书包 ··· 109

我的玩具多少钱？ ························· 110

妈妈的手机多少钱？ ······················ 113

爸爸的小汽车多少钱？ ···················· 116

钱怎么变多？ ··························· 117

外国小朋友用什么钱？ ···················· 121

我是家务小能手 ························· 123

社会实践——摆地摊 ····················· 124

Part 4　儿童财商教养法（6~8岁，一、二年级） 125

零花钱协议 ··························· 126

家务劳动 ····························· 130

零花钱使用计划 ························· 133

零花钱使用记录 ························· 134

大梦想与小梦想 ························· 136

成长计划 ····························· 143

时间管理 ····························· 146

钱去哪了？ ··························· 150

种下金钱的种子 ························· 152

社会实践——生存挑战 ···················· 154

社会实践——小生意 ····················· 156

Part 5　儿童财商教养法（8~10岁，三、四年级） 158

买车还是买车位？——资产与负债 ············· 159

要钱还是要赚钱？——资本利得与现金流 ········· 166

一个人和一群人——风险与保险 ··············· 173

写作业与玩手机——需要与想要 ··············· 178

买入与卖出——构建投资思维 ················ 182

买基金还是买股票？——常见的投资工具 ········· 189

"冰雪奶茶"——成本与利润 ················· 198

文具店和奶茶店——沉没成本和机会成本 ········· 204

社会实践——投资体验 ···················· 206

社会实践——高档餐厅与快餐店的区别 ··········· 207

社会实践——给妈妈过生日 ·· 208

社会实践——假期打工 ·· 209

社会实践——小生意升级 ·· 209

Part 6　儿童财商教养法（10~12 岁，五、六年级）·············· 211

为什么会有利息？——货币的时间价值 ······························· 212

怎么计算利息更划算？——单利与复利 ······························· 213

零花钱怎么变多？——准备金与准备金率 ··························· 216

压岁钱与"儿童经济"——经济周期与经济危机 ····················· 218

借钱投资好不好？——杠杆与风险 ····································· 220

和谁一起赚钱？——商业模式与盈利模式 ··························· 222

把小发明变成大事业——风险投资和私募股权 ····················· 223

写在最后 ··· 225

感　谢 ··· 227

推荐阅读 ·· 228

附录 1：儿童财商训练教具使用方法 ·································· 229

附录 2：推荐几个家庭财商亲子活动 ·································· 243

为什么要培养孩子的财商？

我们都知道，一个东西之所以成为一个东西是由这个东西的属性决定的。比如，一辆车，首先，必须有最核心的东西——发动机；其次，要有控制方向的方向盘；再次，要有能够行驶的轮子。如果没有这三样东西，其不可能成为一辆车，其他的东西都是附属物。

一辆车之所以成为一辆车，是由成为车的属性决定的。人之所以成为一个人，也是由成为人的属性决定的。

人有三个属性，自然属性、社会属性和经济属性。

自然属性，人和其他动物一样，渴了要喝水，饿了要吃东西，困了要睡觉，长大后要繁衍后代，这都是大自然赋予生命的本能。在我们的自然属性中，与其他动物最大的区别是人有可以思考的大脑，这让我们有了智商，有了超越其他动物的学习能力和解决问题的能力。人类可以不断学习和进步，创造出人类文明。

社会属性，人不能离开家庭、群体而独立存在，必须依赖于各种社会关系而存在，这是人的社会属性。人生活在社会中就意味着要处理各种关系，尤其是人与人之间的关系，处理人与人之间关系的能力是情商。情商是我们控制情绪、自我激励、团队合作、逆境生存的能力。人的社会属性不是先天的，而是在后天家庭生活、社会生活和社会实践中形成的。

经济属性，人类社会是以经济运行的方式存在的，一旦经济运行出现问题，社会就会出现问题。在经济运行过程中有一个非常重要的东西，就是金钱，金钱是人类一个伟大的发明，金钱是一个让人又爱又恨的东西，无论你爱它还是恨它，你都必须面对它，因为，在经济社会中，没有它你无法生存。驾驭金钱的智慧和能力叫作财商。

人，要想成为一个较完整的人就要具备这三个属性——自然属性、社会属性和经济属性。相应地要有三个商——智商、情商和财商。智商多来源于先天，而情商和财商多来源于后天，来源于我们的成长经历和所受到的教育。

　　但我们在孩子的成长和教育过程中，更多的是把孩子学到的知识、考试的分数和考取的学历作为教育评判的标准，往往忽视了孩子在情商和财商方面的教育和发展。我们觉得孩子成绩好，学历高，走向社会后就应该能够把工作做好，把生活过好，有所成就，但结果往往事与愿违，有的孩子还会给家庭和社会带来麻烦，甚至危害。这与孩子缺乏情商和财商方面的教育和发展不无关系。

　　一个孩子的成长就像一棵树的成长，树根长得好不好，决定了这棵树长得好不好，树根长好了，再大的风雨都不怕，树根长不好，一点小风雨都会把树吹倒。

　　长树根的地方是家庭。家庭教育不是解决问题的教育，而是解决出现问题的教育。孩子出现的问题不是现在的问题，而是过去的问题，是成长的问题。孩子的成长是一个系统过程，而不是一个一个孤立的问题。所有的生命都一样，每个成长阶段都有每个阶段成长的内在目标和规律，一旦违背了生命成长内在的目标和规律就会对生命产生不良的影响。家庭教育应该是"上医治未病"，等孩子出现问题了再去解决，犹如渴而穿井、斗而铸锥，为时已晚。"上医治未病"治的是习惯、观念和价值观。

　　所以，我们不仅要注重孩子的知识学习、考试成绩、是否考上好大学、是否取得高学历，更要关注孩子综合素质的发展和习惯、观念、价值观的形成。孩子终将要走向社会，融入社会，独立生存，不仅需要知识和学历，更需要与人打交道的情商，与金钱打交道的财商。我们应该站在孩子一生发展和需求的时间维度上思考和看待孩子的教育。

　　我们都希望孩子长大后能够拥有幸福的生活，获得更多的财富，取得更大的成就，那我们就应该在孩子成长过程中拿出一部分时间和精力来注重孩子情商和财商方面的培养，让孩子具备成为一辆车子的基本条件——发动机、方向盘和轮子。

什么是儿童财商教养法？

金钱就像阳光、空气和水一样，我们每天都离不开它，是我们一生都要使用的工具。无论是亲情、友情、家庭、事业，处处都和金钱相关，但我们往往忽略了有关金钱的教育，出了问题却不知缘由。当你从爸爸妈妈手里接过第一枚硬币时，你就开始接受金钱教育，当你第一次带孩子购物时，你就开始了对孩子的财商教育。然而，你的父母并没有意识到对你的财商教育，那么，你对你的孩子有金钱教育的意识和方法吗？

《儿童财商教养法》源于我对儿童财商教育课程的探究和研发，参考和借鉴了一些国外儿童财经素养教育的内容和方法，比如，美国的"生计教育计划""从3岁开始的幸福人生计划"。《儿童财商教养法》是一套相较完整的体系，帮助你给孩子创设一个和金钱打交道的家庭财商教育环境，培养孩子的观念，如金钱观、消费观、财富观、人生观；训练孩子的财经素养，能够用经济学、金融学思维思考、判断、处理生活中的事情，比如，看到一个好玩的玩具，他不会只从自己的欲望出发，而是先思考一下，这个玩具是我"需要的"还是"想要的"，购买后会使用多久，对我有多大的价值；训练孩子的能力，比如，投资能力、社会实践能力、销售能力、演讲能力、沟通能力、合作能力、自理能力、独立能力；养成良好的习惯，比如良好的消费习惯，管理零花钱的习惯，做事有目标、有计划、有执行、有结果的思维习惯和行为习惯。

3~8岁的主要内容是围绕孩子的学习和生活展开，以养成良好习惯，训练能力，建立意识和观念为主；8岁以后增加了经济学、金融学知识和社会实践内容，培养孩子的财经素养，增加孩子的社会阅历，拓宽孩子的视野和见识。

儿童财商教养法的诞生

2000 年我辞掉工作，创办了我的第一所少儿英语培训学校。在经营培训学校的过程中，每个月都要开一次家长会，讲一些有关家庭教育的知识、理念和方法。家长们觉得我的教育理念非常好，就鼓励我创办一所幼儿园，在家长们的"怂恿"下，我斥资创办了第一所幼儿园。随着对孩子的了解，对教育的深入，使我一直在思考一个问题——教育的目的究竟是什么？我的答案是：教育要为孩子的成长服务，要为孩子的未来服务。当我把我的答案讲给家长听时，家长们都说对呀，我们教育孩子就是为孩子的未来服务啊，不考上大学将来怎么办呀？不考上大学将来怎么能找到好工作呀？没有好工作怎么能赚到钱呀？没有钱怎么能过上幸福生活呢？

我总觉得大多数家长对教育的理解缺了一些非常重要的东西。当然，考大学很重要，但考大学不是人生最终的目的，人生最终的目的是走出校门，走进社会后，能够更好地适应社会，融入社会，获得自己想要的生活，实现自己的人生价值。这就需要孩子在成长过程中很好地社会化，在这个过程中不应该缺失金钱教育，因为我们的价值观、人生观以及我们的人生幸福必然与金钱相关。

在经营幼儿园和英语学校的过程中，我一直在想如何实现我的教育目标。2006 年我第一次读到了《富爸爸穷爸爸》这本书，并多次到北京参加成人财商培训。在培训过程中，我结识了著名的财商教育专家朱鹰老师，我把想要研发儿童财商教育课程的想法与朱鹰老师进行了交流，他非常赞同，他说财商教育就应该从娃娃抓起，你看看人家犹太人，从小就教孩子赚钱。在朱鹰老师的鼓励下，我开始在我的幼儿园和英语培训学校探索、研发、实践儿童财商教育课程。经过十几年的研发和实践，完成了一套从 3 岁到 15 岁的课程体系和教具，获得了多项专利和知识产权，并在全国推广儿童财商教育。现在你读到的这本《儿童财商教养法》就是这套课程的精华版。

家庭财商教育环境创设

意大利著名的教育家玛丽亚·蒙特梭利曾说："环境是人类的第二大脑。"

在阅读和使用这本书之前，首先要为孩子创设一个家庭财商教育环境，在家中为孩子搭建一个"财商教室"，在阅读后面章节时你会知道"财商教室"的用法。

一、幼儿阶段

1. 器材准备

1角至100元人民币若干、价格标签若干、玩具水果蔬菜、玩具小零食、一日生活流程图表（自制）、储蓄罐（3个、红、蓝、绿不同颜色、透明）、儿童密码箱、指针式时钟、时钟模型、儿童磁性画板、超市小货架（2个）、儿童书架（1~2个）、儿童购物车玩具（1个）、儿童仿真收银台（2个）、儿童桌椅（1套）、整理箱（1~2个）。

2. 教具准备

兑换天平、数与量对应板、10元分解组成板、20元以内加法板、20元以内减法板、低买高卖、数位与财务数字认读板。

3. 环境布置

在孩子的房间或家中合适的位置，用适合孩子身高的家具为孩子布置下列区域并贴上区域名称。

金融区（银行）：用儿童密码箱模拟银行。将准备好的人民币放在银行里，用于给孩子发放零花钱和兑换货币使用，孩子也可以将储蓄的零花钱存入银行，爸爸妈妈要给孩子记好存入和取出的"银行账"。密码箱只有爸爸妈妈才能打开。

货币区（储蓄罐）：和孩子一起给3个储蓄罐贴上标签，蓝色——梦想储蓄罐、绿色——零花钱储蓄罐、红色——爱心储蓄罐。

交易区（批发市场）：用超市小货架和儿童仿真收银台模拟一个批发市场，

将玩具水果蔬菜，玩具小零食，孩子的玩具、绘本、小零食及孩子的其他物品都可以放置在批发市场里，制作一个价格表，将批发市场里的所有商品的价格填写在价格表里，随时增加随时填写，批发市场不用价格标签。批发市场的功能是和小超市结合让孩子理解钱怎么变多、低买高卖，训练孩子的数学思维、计算能力，培养孩子的商业意识。

购物区（小超市）：用超市小货架、儿童仿真收银台、儿童购物车玩具模拟一个小超市，小超市里的商品贴上价格标签，商品价格尽量与现实生活中的价格接近。小超市的功能是用来做购物游戏，训练孩子的数学思维、计算能力，建立价值概念。

阅读区：给孩子购买一些有关财商教育的绘本，每天陪孩子阅读，培养孩子的财经素养。

学习区：用儿童桌椅、儿童磁性画板、指针式时钟、时钟模型模拟一个小教室。用于货币兑换、加减法训练、延迟满足训练等学习活动。

收纳区（整理箱）：用于放置教具等辅助用品，每次用完后整理归位。训练孩子的归位意识、管理意识和自理能力。

任务区（图表）：将孩子在生活中需要完成的事情或一日生活流程制成一个表格，用贴小红花的方式记录孩子的完成情况，可以配合一些奖励和惩罚，用来养成孩子的良好习惯。

家里所有的物品都可以贴上价格标签，训练孩子的数字敏感力和价值判断能力。

二、小学阶段

教具准备

给孩子的零花钱（真实人民币）、储蓄罐（4个红、黄、蓝、绿不同颜色）、银行卡、零花钱合同、劳动合同、梦想相册、零花钱使用计划、零花钱使用记录、自我管理日志、成长计划、适合孩子阅读的财经类读本、新闻、名人传记、有关财商类的游戏沙盘。

环境创设

小学阶段家庭财商教育的环境创设，硬件不再是重点要素，核心要素是人，家庭中的人文环境对孩子的影响更重要。

1. 房间布置

工具：储蓄罐、银行卡、零花钱合同、劳动合同、梦想相册、零花钱使用计划、零花钱使用记录、自我管理日志、成长计划、财商类思维训练沙盘或游戏；图书：名人传记，财经类图书、读本；梦想照片（相册）贴在书桌旁或床头；榜样的照片：给孩子树立一个榜样，贴在书桌旁或床头。

工具的具体使用方法见书中 part4（6~8 岁）。

2. 给孩子讲有关钱的事

在家庭中和钱有关的事情，比如爸爸妈妈的收入，每月的家庭支出和结余，有哪些投资、理财、保险，是否有房贷、车贷以及还款计划，孩子自己的学习费用支出，零花钱支出等都应该让孩子知道，将家庭财务状况告诉孩子。如果家长是做生意的，把你做生意，管理运营公司、企业的经验和遇到困难的解决方法传授给孩子，与孩子探索讨论，让孩子了解你的生意、公司、企业是如何运营，如何管理的。

3. 给孩子讲有关钱的物

家庭中所有的物品几乎都是用金钱换来的，要让孩子了解这些物品的价格，物品的价值，这样孩子能够建立起价值判断的标准，对于大件的物品，比如房子、车子等，要花掉爸爸妈妈多少钱。如果是贷款，给孩子算一笔账，需要多久才能还完贷款，让孩子知道自己能够做出哪些贡献，如节俭、不乱花钱；对于日常用品，让孩子清楚哪些是需要的，哪些是想要的；在购物时首先要满足需要的，适当满足想要的；要求孩子管理好自己的物品、做到物尽其用，不要浪费。

4. 合理给孩子零花钱

签订零花钱合同；遵循给零花钱的原则"适量、定量、定时、不随意"；合理给孩子劳动报酬；4 个储蓄罐分配钱；定期定量存入银行卡；制订零花钱使用计划；学会用零花钱使用记录记账。

5. 家庭财务会议

每周一次家庭财务会议。家庭财务会议的原则：尊重孩子；尊重规则；平等交流；奖惩分明；有点仪式感；创造温馨氛围。家庭财务会议的目的是倾听孩子的心声；了解孩子的需求；感受和理解孩子的情绪和观点；支持孩子克服困难，帮助孩子解决问题；培养和谐亲子关系，不要把家庭财务会议开成批斗会。

家庭财务会议的内容：与孩子一起查看上一周的零花钱使用计划、零花钱使用记录、自我管理日志的执行情况，发现问题，协商解决问题的方法及奖惩；发放下周的零花钱、家务劳动报酬、管理日志的奖励；分配零花钱；查看银行账户余额，定投基金盈亏情况；制订下周的零花钱使用计划；计算一下距离实现小梦想的时间和需要做的事情；陪孩子玩财商类沙盘游戏。不要把"家庭财务会议"仅限于财商教育问题，让"家庭财务会议"成为每周与孩子沟通、交流、交心的快乐亲子时光，解决孩子学习、成长中的问题，陪伴孩子幸福成长。

6. 统一思想

家庭中成员，父母、爷爷奶奶、外公外婆等都是家庭环境的创设者，孩子的教育者和影响者，由于生活的年代不同，思想、观念、习惯不同，对教育孩子的方式、方法也不同。同样一件事情，妈妈说这样做，奶奶说那样做，爸爸说这样做，爷爷说那样做，这样孩子会产生一种无所适从感，往往是正确的思想、观念、方式、方法得不到执行，而错误的却影响深远。所以，在家庭教育中，家庭成员要尽可能统一思想。在财商教育方面，对于如何给孩子零花钱，如何支配零花钱，如何购买孩子需要和想要的东西，做家务会不会影响学习，做家务该不该给报酬等，涉及与金钱相关的事情时，大家的行为方式和教育理念要达成共识，思想统一、行为统一。比如，爸爸妈妈对给孩子零花钱和使用零花钱有很好的管理方法和教育方法，但如果爷爷奶奶或外公外婆无节制地给孩子零花钱，那么，爸爸妈妈的教育方法再好也是无效的。

7. 社会实践

孩子的成长本质上是一种社会化进程，无论学习多少知识，获得多高学历，最终都是为将来走入、融入社会服务。社会实践是孩子了解社会、认识社会、取得社会经验的重要途径和方法，在每个年龄段都应该根据孩子的认知和能力让其参加一些简单的社会实践活动。财商教育更离不开生活和实践，希望家长能够按照我给的社会实践方案，不断延伸、扩展，带孩子完成社会实践活动。

如何使用这本书？

首先我想强调，这本书不仅是用来读的，更是用来用的。要把书中提供的方法持续运用到孩子的生活和学习中，比如，储蓄罐要从 3 岁一直用到 12 岁；梦想相册、零花钱使用计划、零花钱使用记录要从一年级一直用到六年级。无论多么好的理念和方法，如果不坚持都不会有效果。孩子的成长是有阶段性的，大概每三年跃升一个台阶，如果没有不断的知识和经验积累，虽然年龄长大了，但心智成长却难有突破。我们应该把孩子培养成人，而不只是把孩子养成大人。

书中有关经济学、金融学的一些概念用孩子易于理解的语言表达，不如专业书籍那样精准，有的甚至可能会让人认为有误。我想说的是，我写这本书的目的不是要教孩子教科书上的知识，而是想通过这些概念教会孩子如何思考，建立孩子的财商思维，只要孩子能够建立起概念并能够用概念建立思维就足够了。

《儿童财商教养法》贯穿 3~12 岁，可以作为：

儿童财商教育的教科书

如果你的孩子正处在幼儿阶段（3~6 岁），你可以把这本书作为一本教科书使用，系统地培养孩子的财商。你需要从头到尾仔细阅读，按书中的方法持续不断地陪伴孩子成长。

儿童财商教育的指导手册

如果你的孩子已经上了小学，不可能从 3 岁开始进行系统的财商教育，可以根据孩子的年龄，查找对应年龄的教育方法，同时，应该阅读前面的内容，找到弥补孩子缺失的财商教育。

解决孩子金钱问题的锦囊妙计

你也可以根据孩子身上出现的问题，在书中寻找解决的办法。比如，如何给孩子零花钱？如何教孩子管理零花钱？如何培养孩子的目标感？孩子乱花钱怎么办？……但我建议你还是系统地培养孩子的财商，不要等到出了问题才去想办法。"头痛医头，脚痛医脚"不是教育孩子的好办法。

灵活使用贯穿整个儿童期

我在书中给大家提供的每一个主题和方法都不是只用一次，要在对应的年龄段持续进行。比如，零花钱合同，不是只签订一次就完事儿，你可以根据实际情况每个月签一次、一个季度签一次或一个学期签一次，甚至可以持续到初中、高中，直到孩子真正养成习惯，形成思维；再比如，"需要与想要"，从5岁开始建立观念，要始终践行这一观念。你可以参考我提供的方法，变换多种形式，直到你满意为止。

要把钱看作是财商教育的工具，不能让孩子一切向钱看，把财商教育看成是孩子全面发展不可或缺的一部分，把财商教育融入到孩子的生活和实践中，融入到其他教育中，财商教育应该贯穿孩子成长的全过程，最好是像对待孩子成绩一样不放松。

另外，要正确理解金钱教育，这一点非常重要，因为它决定你的教育理念，影响孩子的一生。"金钱教育的实质是幸福教育和人格教育，一个人的金钱观会影响他一生的幸福。"

Part 1　儿童财商教养法（3~4岁）

3岁左右孩子对钱开始感兴趣，我们首先从硬币开始教孩子认识钱，通过认识小硬币培养孩子的数字敏感力、数学思维，用三个储蓄罐学习分类，按数取硬币训练数与量的对应；通过购物游戏和超市购物让孩子感知钱的用途；通过与小朋友交换好吃的、好玩的培养孩子交朋友的能力；通过运输小硬币游戏培养孩子的合作意识；通过延迟满足训练培养孩子等待的习惯，建立时间意识；通过玩具回家训练孩子的"归位意识"，建立秩序感和管理意识。

针对3~4岁幼儿，我设计了如下主题：

三个储蓄罐——认识储蓄罐；会用三个不同的储蓄罐进行分类；建立储蓄意识；

认识小硬币——认识1角、5角、1元硬币；能够区分1角、5角和1元硬币；

寻宝游戏——练习分类，训练观察能力和思考能力；

购物游戏——感知钱的用途；训练数与量的对应，培养数学思维；

去超市——体验钱的用途，了解价格标签上数字的含义；

一共多少钱？——学习点数，区分两组硬币的多少，理解数字背后的意义，培养数学思维；

换一换，交朋友——感知交换的乐趣；学习交朋友的能力；

运输小硬币——体验合作的快乐，培养合作意识；

延迟满足——学会等待；训练延迟满足能力；建立时间概念；

玩具回家——训练自理能力；培养归位意识；打好管理能力的基础。

在这个阶段养成一个习惯——等待；培养一个观念——交换；建立三个意识——时间意识、合作意识、管理意识；训练三个能力——延迟满足能力、数字敏感力、自理能力。

三个储蓄罐之一

认识储蓄罐；会用三个不同的储蓄罐进行分类；建立储蓄意识。

沃伦·巴菲特在 2013 年接受采访时说："我父亲是我最大的灵感来源，我从小就从他身上学到了尽早养成正确的习惯，储蓄是他教给我的重要一课。"当被问及他认为父母在教育孩子理财时犯的最大错误是什么时，他说："许多父母会等到孩子十几岁时才开始谈论理财，其实，他们本可以在孩子上幼儿园时就开始谈论理财。"遗憾的是，大多数父母一生都不会和孩子谈论理财。

剑桥大学的一项研究发现，孩子们在 3~4 岁时就已经能够理解金钱的基本概念，到 7 岁时，与未来财务行为相关的基本概念就会形成。

储蓄罐是培养孩子财商很有用的工具，为孩子准备三个不同颜色且透明的储蓄罐。

为什么要准备三个不同颜色且透明的储蓄罐呢？

3~4 岁幼儿的认知模式以动作思维和表象思维为主，只有动手做了，摸到了，触到了，看到了，听到了，闻到了，尝到了，用感官感觉到了才能认识周遭的世界，还没有建立起抽象思维的能力。"三个"对应三种面值的小硬币——1 角、5 角、1 元，用于孩子进行分类；"不同颜色"（建议选择蓝色、绿色和红色）有利于孩子视觉认知和分类，等孩子到了 4 岁以后，三种颜色还可以代表不同的涵义和功能，蓝色——梦想储蓄罐、绿色——零花钱储蓄罐、红色——爱心储蓄罐；"透明"是满足孩子表象认知的要求，孩子能够看到储蓄罐里小硬币多少的变化，看到储蓄罐里小硬币一天一天变多，孩子会很高兴，很有成就感，促进孩子对金钱的情感，感知储蓄可以让钱变多，建立储蓄意识。

有了储蓄罐还需要准备硬币，孩子小时候一定要使用真实货币，这样对培养孩子的数字敏感力、数学思维，建立与钱的情感有非常大的帮助，不能用我们成人手机支付的数字来代替真实货币。

储蓄罐的使用

首先，告诉孩子储蓄罐的功能。买好储蓄罐后，将储蓄罐作为小礼物送给孩子。可以与孩子进行下面的对话：

"妈妈（爸爸）今天送给你一个小礼物，猜猜是什么？"协助孩子自己打开包装。

"哦！是储蓄罐，是三个不同颜色的储蓄罐。"

"你知道妈妈（爸爸）为什么送给你储蓄罐吗？"

……

"储蓄罐会让你的小硬币变得越来越多，你喜不喜欢小硬币变得越来越多？"（引导孩子建立储蓄意识）

……

"储蓄罐是用来储蓄你的小硬币的，让小硬币变得越来越多，可以买更多好吃的、好玩的。从现在开始，请你把 1 元小硬币放在蓝色储蓄罐里，5 角小硬币放在绿色储蓄罐里，1 角小硬币放在红色储蓄罐里。"给孩子一些准备好的硬币，和孩子一起将硬币放入储蓄罐。

3~4 岁每周给两次零花钱，1 角、5 角、1 元面值数量不等，每个面值数量不超过 5 枚，给零花钱的时间要固定，比如，每周三、周六各一次，和孩子一起一边数一边放进三个储蓄罐里。

为什么每周给两次零花钱，时间要固定？

幼儿阶段，孩子对时间的感知能力、等待的能力还很弱，每周给两次目的是缩短等待的时间；时间固定目的是让孩子感知时间间隔，养成等待的习惯。

为什么每个面值数量不超过 5 枚？

这是根据孩子的认知能力，3~4 岁幼儿对数量的理解基本在 5 以内。如果你的孩子认知能力较强，可以在 10 以内，但不要超过 10。

储蓄罐里的钱不能放着不用，不要把储蓄罐装得满满的，要定期花出去，要让小硬币流通起来，让孩子感知钱的用途，可以定期带孩子去超市花掉一部分小硬币，储蓄罐里的硬币多了以后，让孩子将硬币存到"银行"里，就是前面"家庭财商教育环境创设"中的"**金融区（银行）：用儿童密码箱模拟银行**"。这样，孩子既了解了钱的用途又有了储蓄的意识。

3 岁后孩子进入数字敏感期，孩子对生活中的门牌号、台阶数、车牌号、时间、手机号码等都感兴趣，喜欢问：这是几？现在是几点？有几个人？妈妈的手机号是多少？孩子虽然对抽象的数字感兴趣，但并不理解数字背后的意义，这时是训练孩子数字敏感力的好时期，通过让孩子了解数字代表的实物和数量理解数字背后的意义，训练孩子的数字敏感力，为孩子的数学思维和数学学习打好基础。

接下来认识硬币、寻宝游戏、购物游戏、去超市、一共多少钱都能很好地训练孩子的数字敏感力和数理逻辑思维。

认识小硬币

认识1角、5角、1元硬币；能够区分1角、5角和1元硬币。

从三个储蓄罐里各取出1枚硬币，让孩子观察并说一说3枚小硬币有什么相同和不同。

认识1角硬币

妈妈（爸爸）拿着1角硬币，可与孩子进行下面对话：

1角小硬币是什么形状？……（圆的）

1角小硬币的正面有什么？……（数字"1"，文字"角""中国人民银行"）

1角小硬币背面有什么？……（兰花）

认识5角硬币

妈妈（爸爸）拿着5角硬币，可与孩子进行下面对话：

5角小硬币是什么形状？……（圆的）

5角小硬币正面有什么？……（数字"5"，文字"角""中国人民银行"）

5角小硬币背面有什么？……（荷花）

认识1元硬币

妈妈（爸爸）拿着1元硬币，可与孩子进行下面对话：

1元小硬币是什么形状？……（圆的）

1元小硬币正面有什么？……（数字"1"，文字"元""中国人民银行"）

1元小硬币背面有什么？……（菊花）

将上面的动作和问答重复几次，当孩子能够准确说出小硬币正反两面的数字、文字和图案后，让孩子找相同和不同。

以问答互动的方式与孩子沟通，同时，给孩子观察和思考的时间，提高孩子的观察能力和专注力。家长与孩子的沟通方式会影响孩子的思维模式，所以，不要急于把知识告诉给孩子，在传达知识的同时更应该教孩子如何观察和思考。

寻宝游戏

练习分类，训练观察能力和思考能力。

在给孩子零花钱的时候，将准备好的小硬币藏起来，比如沙发下面、茶几下面等。

游戏规则：1.启发孩子观察和思考，让孩子想一想，观察一下，妈妈会把小硬币藏在哪里；2.找到小硬币后说出上面的数字、文字和图案；3.把找到的1角小硬币放到红色储蓄罐里，5角小硬币放到绿色储蓄罐里，1元小硬币放到蓝色储蓄罐里。

寻宝成功后给予鼓励。

购物游戏

感知钱的用途；训练数与量的对应，培养数学思维。

把孩子的小玩具、小文具、小食品等放在"**购物区（超市）**"里，标上价格，和孩子一起制作价格标签，比如铅笔3角、小汽车5元、棒棒糖5角等，价格标签上的数字要在5以内，爸爸妈妈扮演售货员，孩子扮演购物者进行购物游戏。

注意：孩子付款时用1角和1元硬币，不用5角硬币，按价格一枚一枚数出来后交给爸爸妈妈，然后爸爸妈妈将商品交给孩子，让孩子感受交换（买卖）的过程。

为什么不用5角硬币？

这个年龄孩子在数学方面处于数与量的对应阶段，还没有建立起抽象思维，不能脱离实物理解抽象的数字和符号，数字与实物要一一对应，不能理解1枚5角等于5枚1角，比如，你拿出3枚1角和1枚5角，问孩子要哪个，孩子可能会要3枚1角的，因为，他认为3个比1个多。

去超市

体验钱的用途，了解价格标签上数字的含义。

有意安排孩子进行购物。购物前与孩子商定好孩子要买的商品，依据商品价格给孩子相应数量的1元硬币和1角硬币（不用5角硬币），到超市后让孩子自己挑选要购买的商品，挑选商品时指导孩子观察一下价格标签，给孩子读一读价格标签上的数字和单位，挑选好商品后指导孩子独自付款。

购物完成后问一问孩子

你手里什么东西少了？

……

钱去哪了？

……

你手里多了什么东西？

……

多的东西是怎么来的？

……

通过这样的对话引导孩子思考，感知商品与货币交换、流通的过程，感知钱的用途。

日常生活中，你会经常带孩子去购物，但如果没有这样有意而为，那么就不会产生教育价值和教育意义。

生活处处是教育，你只有有意为之，才能做到"处无为之事，行不言之教。"

一共有多少钱？

学习点数，区分两组硬币的多少，理解数字背后的意义，培养数学思维。

3~4岁是孩子上幼儿园小班的年龄，在数学领域一个重要的内容是"数与量"。认识数字1~5，理解5以内数字的含义；能手口一致点数5以内的数，并说出总数；5以内按数取物；能比较5以内两组的物体数量，感知多、少和一样多。

小硬币是训练孩子数学思维非常好的工具，你可以按如下方法训练：

1. 准备 1~5 的数字卡，教会孩子认读数字 1~5。

2. 在每个数字卡的后面摆上对应数量的硬币，带孩子点数并说出总数。例如：

点数："1 枚、2 枚、3 枚，一共 3 枚。"

点数："1 枚、2 枚、3 枚、4 枚、5 枚，一共 5 枚。"

注意：必须用相同面值的硬币，不能将 1 角、5 角、1 元硬币混在一起。

你可以把小硬币换成其他物品，比如桔子、苹果、橡皮、铅笔、玩具车等孩子熟悉的物品，让孩子理解数字背后的意义。注意不能将不同类的物品混合在一起，比如，不能将桔子和苹果混在一起，"1 个苹果、2 个桔子，一共 3 个"。

3. 比较多少

把小硬币摆成不同数量的两组，比如

或

点数，然后比较哪组多，哪组少。

点数，然后比较，一样多。

4. 按数取物

拿出数字卡或说出数字，让孩子按数字卡或说出的数字给你取出对应数量的小硬币。比如，拿出数字卡  或说出数字"3"，让孩子取出对应数量的同一个面值的硬币，摆在数字卡的后面或下面

如果孩子的数学思维能力很好，你可以尝试 10 以内的训练。

最后用一首小儿歌记住 3 枚小硬币。

儿歌非常有助于孩子记忆，打着节奏诵读或背诵儿歌对孩子的语言发展也非常有帮助。

小硬币圆又圆，

1 角 5 角和一元，

叮叮当当找伙伴，

爸爸妈妈辛苦赚。

孩子熟背儿歌后，问一问孩子"小硬币是怎么来的？"。

"爸爸妈妈辛苦赚"是爸爸妈妈辛苦工作赚来的，让孩子知道钱是怎么来的，建立和金钱的情感，学会珍惜小硬币。

3 岁的孩子逐渐脱离以自我为中心，对结交朋友、群体活动有兴趣，懂得用交换的方式获得自己想要的东西，知道用交换好吃的、小玩具的方式结交小朋友，这时要让孩子感知交换的快乐，多参加群体活动，学会与人合作和分享。

换一换，交朋友

感知交换的乐趣；学习交朋友的能力。

"吃的是别人的好吃，玩具是别人的好玩。"小孩子都有这种心理，这是好奇心的一种表现，我们不应该阻止孩子的好奇心，不但不能阻止而且应该恰当地鼓励和引导。

我观察幼儿园小班的孩子，有一个小女孩叫刘昕彤，她每天都带一些小零食，几乎每天都是第一个到幼儿园，到幼儿园后就在教室门口等其他小朋友，

手里拿着小零食和后来的小朋友交换好吃的、好玩的。她们班的老师说："她能吃到全班所有小朋友的好吃的，玩到全班所有小朋友的玩具，所有小朋友都喜欢她。"原以为这是她爸爸妈妈教的，后来和她妈妈沟通才知道没有人教她这么做。这是她通过自己的探究得到交换的乐趣后的一种自发行为，交换成了他和别人交际的一种方式。

当你带孩子在小区里玩耍时，鼓励孩子用自己的小零食、玩具与其他小朋友交换，感受交换和分享的快乐。

当你带孩子到游乐场玩耍或几个家庭一起出游时，给孩子准备一些小零食和小玩具，引导孩子与陌生的小朋友进行交换，感知通过交换可以交到新朋友，提高孩子的交际能力和情商。

运输小硬币

体验合作的快乐，培养合作意识。

这是一个合作小游戏。

游戏准备：一张A4纸；时钟；将储蓄罐里的小硬币全部（或部分）拿出来放在茶几上；茶几与沙发距离3~4米；爸爸、妈妈、孩子（有兄弟姐妹更好）。

游戏过程：1.每次时间3~5钟；2.让孩子将几枚小硬币放在A4纸上，只能用一只手拿着A4纸，将小硬币运到沙发上，中途掉落要重新开始，爸爸或妈妈计时（如果有兄弟姐妹，可以让孩子们进行比赛，在相同的时间内运输小硬币数量多的为胜）；3.爸爸（或妈妈或兄弟姐妹）与孩子两人合作运输小硬币，每个人只能用一只手，分别拿着A4纸的两端，妈妈或爸爸计时。

游戏结束后，让孩子对比一下，是自己一个人运输的小硬币多，还是和爸爸（或妈妈或兄弟姐妹）一起合作运输的小硬币多；是一个人运输小硬币容易还是两个人运输小硬币容易；是一个人运输小硬币有趣还是和爸爸妈妈或兄弟姐妹一起运输小硬币有趣。

通过游戏启发孩子在自己遇到困难时可以寻求合作伙伴。告诉孩子上幼儿园时，在小区或游乐场玩耍时都可以找小伙伴合作，一起玩耍，一起完成某一项任务。

3岁后孩子已经有了自我意识和独立意识，开始意识到"我"和周遭世界

的不同和联系，这时要训练孩子一项非常重要能力——延迟满足能力。同时培养孩子学会等待的习惯。在学习等待过程中，感知时间的存在，建立时间意识。

延迟满足

学会等待；训练延迟满足能力；建立时间概念。

"见什么要什么，不满足就哭闹，讲道理不听"这是幼儿的常见现象。孩子不知道什么叫延迟满足，更不想等待，想要什么马上就想得到。孩子到了两三岁，要有意识地训练孩子延迟满足的能力，延迟满足训练的最佳时期是幼儿阶段，一旦错过这个年龄，再要训练会增加很大的难度。

延迟满足是幼儿拥有自控力的表现，是一个孩子在诱惑面前，能否为更有价值的长远目标控制自己的即时冲动，放弃即时满足的价值取向。延迟满足是幼儿自我控制的核心成分和最重要的技能之一，是儿童社会化和情绪调节的重要成分，更是伴随人终生的一种基本的、积极的人格因素，是儿童走向成熟和独立的重要标志。

延迟满足能力强的儿童，学习效率会更高，未来会拥有较强的竞争力，更容易获得地位较高的工作；具有较强的自信心，能更好地应对生活中的挫折、压力和困难；更有长远眼光和远大理想，能够抵制眼前的利益和诱惑，实现更长远的、更有价值的目标。

延迟满足能力发展不足的儿童，则缺乏上述品质，容易出现一些不良行为，例如学习困难症，很聪明但成绩就是上不去；作业拖拉、上课注意力不集中；性格急躁、缺乏耐心，容易出现心理问题；进入青春期后，社交中容易羞怯、退缩、固执，优柔寡断；遇到挫折容易心烦意乱，遇到压力不知所措、容易退缩；在财务方面缺乏储蓄的意识和习惯，提前消费、透支未来，容易成为月光族，甚至是月欠族。

（关于"延迟满足"对孩子的发展和未来成功的重要性可以查看美国斯坦福大学心理学教授沃尔特·米歇尔著名的关于"延迟满足"的实验——棉花糖实验）

延迟满足，学会等待，建立时间概念是紧密相连的。

我在做课程研发的过程中分三个阶段训练孩子，这些孩子都是我挑选出来参与财商课程研发的孩子。

　　第一阶段，时间在 3~5 分钟之内。在下课前 3~5 分钟，老师找一个合适的理由给每个小朋友一支棒棒糖，并对小朋友说："如果下课前没有吃，下课后老师会再奖励一支。"然后，老师继续上课，我在教室外面观察。第一次几乎全军覆没，有一个孩子带头吃，其他的孩子都跟着一起吃，只有一个叫朱括北的小男孩没有吃。下课后，老师奖励北北一支棒棒糖，北北手里拿着两支棒棒糖表情特别自豪，其他小朋友看到北北有两支棒棒糖都向老师要棒棒糖。老师说："你们只有做到像北北一样，才能得到第二支棒棒糖。"经过两周的训练，几乎每个小朋友都能做到了。

　　第二阶段，时间是 20~30 分钟。上课前，老师给每个小朋友一支棒棒糖，"如果下课前没有吃，下课后老师会再奖励一支。"20~30 分钟对于大多数孩子很难控制自己的欲望，不到十分钟，有的孩子忍耐不住开始吃；有的孩子开始慢慢撕包装；有的孩子手里握着棒棒糖，大声喊："老师，怎么还不下课呀？"；有的孩子藏到桌子下面偷偷打开包装舔了几下，然后再包好。看到孩子们的这些行为感到特别可爱，开始的时候只有两三个孩子能做到。一个月以后，孩子们都能做到了，而且几乎不受棒棒糖的影响认真上课。

　　第三阶段，时间是一个晚上。每天放学时，老师给每个小朋友一支棒棒糖，"如果能做到今天不吃掉棒棒糖，明天带回幼儿园，老师会奖励两支，一支棒棒糖会变成三支棒棒糖。"这样做是想看看孩子离开幼儿园，离开老师的视线会发生什么。我的判断是所有的孩子可能都做不到，但大大出乎我的预料，第二天，所有的孩子都把棒棒糖带回了幼儿园。连续一周的时间孩子们都做到了，我总觉得哪儿有点不对劲儿。有一天，我突然发现了秘密，有几名参加课程研发的孩子早晨来幼儿园的第一件事是和妈妈（爸爸）先到幼儿园对面的小超市，然后再入园。我去问超市的老板："这几个孩子是不是来买棒棒糖？"老板说"对，他们每天都买一支棒棒糖，说老师上课用。"哈哈！原来如此。我偷偷告诉老师把棒棒糖做上记号，结果第二天带回来的棒棒糖只有一个是带有记号的，就是叫北北的那个小男孩的。这一天老师只奖励北北一个人两只棒棒糖，其他小朋友很疑惑，问老师为什么只有北北得到了奖励，他们却没有。老师说，昨晚老师给棒棒糖施了魔法，以后如果有人偷偷换了棒棒糖老师会知道。每次"魔法"都会起作用，看到老师"魔法"的力量，带记号的棒棒糖一次比一次多了，而且老师告诉小朋友，从现在开始，被老师施了魔法的棒棒糖到期末的时候会变成小硬币。孩子们听到棒棒糖可以变成小硬币都特别期待，两周以后，所有孩子都能做到了。放暑假的时候，带有"魔法"的棒棒糖变成了一枚一枚的一元小硬币，他们的等待换来了期待的结果，孩子们拿到棒棒糖变成的小硬币特别高兴。

这个训练持续了一个学期，家长们反馈说，这个学期孩子成长很快，感觉孩子变得特别懂事儿了，很容易沟通，很听话，而且专注力比原来好多了。

上面是我在教学过程中训练孩子延迟满足的方法，你可以借鉴。

在日常生活中训练孩子延迟满足可以采用下面的方法：

1. 从"短时不回应"开始

当孩子"想要"时，妈妈（爸爸）要有意识地"不回应"，观察孩子的反应，看看孩子多久会产生激烈情绪，把握"不回应"时间的长短，一段时间后你就可以熟练把握"不回应"的时间。在孩子快要产生激烈情绪之前与孩子进行简单沟通，比如，孩子想要吃曲奇饼，你首先要做的是"短时不回应"，然后对孩子说："宝宝可以再等一等吗？"当孩子有了等待的回应后，要给予鼓励"宝宝真棒！""你想要几块曲奇饼干？"当孩子完成了等待的时间后，多奖励孩子一块曲奇饼，"宝宝学会等待了，妈妈再奖励你一块儿。"并和孩子击一下掌或亲一亲，让孩子感受到你的鼓励。这样，你把"等待"的概念教给了孩子，孩子感知到了"等待"的回报、"等待"的价值和"等待"的快乐。

2. 被动转移注意力

让孩子被动转移注意力，与诱惑保持距离。比如，他已经吃了几块曲奇饼干，还要吃，而你不想再让他吃，这时，你可以给他一个最喜欢的玩具或带他做一个游戏，让他暂时忘掉想吃曲奇饼干的念头。

3. 主动转移注意力

被动转移注意力是他律，随着孩子年龄的增大，被动转移注意力的办法会失灵，所以，要不断培养孩子主动转移注意力——自律的能力。

在训练延迟满足的过程中，要遵循一个重要的原则——让等待更值得。要让孩子感受到延迟、等待能够获得鼓励、奖励、成就感、成功感、超预期，并且能够和孩子一起快乐。当孩子慢慢体验延迟和等待的好处时，会逐渐从他律转变成自律。

不要孩子说什么是什么，要什么给什么。不要无条件地满足孩子的要求，无理的、不合理的要求，无论怎么哭闹都不要去满足他，也不要跟他讲道理，在孩子面前学会说"不"，这样时间长了，孩子自然会控制自己不合理的欲望。

4. 把延迟满足、等待和时间联系起来

准备一个有时针和分钟的时钟，让孩子在等待的过程中认识时间，感受时间。

其实，延迟、等待本身就是一个时间概念。时间对于孩子来说是一个抽象概念，所以，孩子很难建立起时间概念。我们通过时钟把抽象的时间具象化，这样孩子就容易建立起时间概念。比如，孩子要吃曲奇饼干，你可以指着时钟对孩子说："宝宝，请你等 5 分钟。""你帮妈妈看着时间，当分钟从'3'走到'4'时就是 5 分钟。""等到 5 分钟，妈妈会奖励你一块曲奇饼干，和你一起享受吃曲奇饼的快乐。"

在孩子的日常生活中把孩子做的事情与时间（时钟）联系起来。比如，玩积木、阅读绘本、玩游戏、吃饭、睡觉等，让孩子感知所做的事情的时间长短，让具象的事情与抽象时间对应起来，孩子才能建立起时间概念，培养时间意识。

如果孩子上了小学、中学仍然缺乏时间概念是一件很麻烦的事情。

5. 长期做训练

孩子的任何一种观念、习惯、能力都是在成长过程中长期养成的，不能期待一次两次的训练就能成功，也不能拔苗助长。延迟满足训练从两三岁开始至少要持续到七八岁，等孩子的性格相对稳定了再停止，尤其是在 6 岁之前最好是每天都要有意识地训练。

延迟满足是人为创造让孩子学会等待的一种教育方式，延迟满足不是对快乐说"不"，而是帮助孩子找到短期快乐和长期收获的平衡；延迟满足不是不满足，而是通过延迟让孩子感受到延迟的快乐，等待的回报和成就感，从而培养孩子的自信和幸福感。错误的延迟满足会给孩子带来很大的伤害。以下两种情况是常见的错误。

（1）爱的延迟。孩子由于自身能力有限，很缺乏安全感，非常需要爸爸妈妈的关爱，当身体或心理受到威胁时，爸爸妈妈的爱不能延迟。比如，孩子在幼儿园或学校受到了老师或同学的误解，心里感到很委屈，回家后求助爸爸妈妈，如果爸爸妈妈不但不理解孩子，还要求孩子自己的问题自己解决，觉得这样做是在锻炼孩子自己解决问题的能力，这样孩子会有一种无助感，会认为爸爸妈妈根本不关心自己，不爱自己。正确的方式应该马上了解问题的真相，和孩子一起商量解决方案，化解孩子内心的委屈。小时候缺爱，长

大后会过分索取爱，对恋爱和婚姻造成不良影响。比如，有的女孩特别喜欢比自己大很多的男人，这是缺乏父爱的表现。

（2）把延迟满足误认为不满足。有的爸爸妈妈以自己的思维来要求孩子，自己认为不该满足的就不满足，这样孩子一些合理的要求得不到满足，合理要求得不到满足会给孩子的心理留下阴影，成年后会产生报复性补偿。比如，有的孩子成年后疯狂吃甜食，有的孩子成年后大量购买自己小时候没有得到的玩具。

童年的遗憾无法忘记，童年的烙印无法抹平，童年的情结很难解开。长大后虽然能原谅父母，但遗憾始终不能消除。所以，千万不要把你认为的"不满足"当成"延迟满足"。

三个储蓄罐之二

学习分配钱，训练管钱能力；养成储蓄习惯。

4岁以后，我们重新定义储蓄罐的用途，蓝色储蓄罐叫作梦想储蓄罐，用来放实现梦想的钱；绿色储蓄罐叫作零花钱储蓄罐，用来放日常零用钱；红色储蓄罐叫作爱心储蓄罐，用来放感恩和慈善的钱。让孩子记住每个储蓄罐的名字和用途。

首先，利用三个储蓄罐教孩子分配钱。

将3~4岁时储蓄罐里储蓄的钱和存在"模拟银行"的钱拿出来，和孩子一起数一数每个面值的小硬币各有多少枚。这些储蓄可以花掉一部分，满足孩子一两个较大的愿望，让孩子感知到储蓄的意义和快乐。和孩子商量一下想用这些钱买什么，做一个简单的小预算，然后带孩子去超市用这些储蓄买孩子需要和想要的商品。孩子看到通过自己长时间储蓄的钱能买到好多自己喜欢的东西，一定会很高兴，同时也能感知到储蓄的好处，增强储蓄意识。将剩下的钱重新分配，把1角和5角小硬币兑换成1元硬币。如果你的孩子已经是4岁以上，没有过前面的储蓄，可以直接从分配钱开始。

从现在开始，每次给孩子零花钱用1元硬币，每周给1~2次，每次给5枚。告诉孩子按一定比例将零花钱分配到三个储蓄罐里。比如，1枚放入梦想储蓄罐里（20%），3枚放入零花钱储蓄罐里（60%），1枚放入爱心储蓄罐里（20%）。前几次爸爸妈妈协助孩子进行分配，等孩子熟练后让孩子自己分配。

为什么要从小教孩子分配钱？

在日常生活中，很多成年人，尤其是 90 后、00 后的年轻人管不好钱，盯着钱是怎么来的，却不知道钱是怎么没的。加班加点努力赚钱，工资少一块钱都要和老板计较，但还是月光，甚至是月欠。有一次，在一个商场，无意中听到两个年轻售货员聊天，其中一个说："哎呀！我的信用卡已经透支 2 万多了，下个月到××银行再办一张信用卡。"另一个说："2 万算啥！我都欠 5 万多了，实在不行就回家找我妈。"售货员的收入一个月也要有几千块，按理说应该够用，不至于欠这么多债。究其原因是小时候没有养成管理钱的习惯和观念，被自己的欲望和不良消费习惯绑架。爸爸妈妈把他们养这么大，不但不能孝敬父母，还给父母欠了一堆债，觉得有点可悲。有的年轻人创业，项目很好，启动资金也足够，但一开始就失败了，往往是因为不会合理分配有限的资金。

无论你多富有，你的钱总是有限的，而且每时每刻都面临着很多不确定性，比如疫情，所以，合理分配钱，为未来做准备是非常必要的。

合理分配钱是要让孩子知道自己的钱的流向，知道自己的钱去哪儿了。一部分是未来可以用的钱；一部分是现在可以用的钱；一部分是用来表达爱的钱，要让孩子知道钱不能代替爱，但可以表达爱。

合理分配钱是管理金钱能力的第一步，无论是我们的家庭生活，还是生意、公司、企业，运营好的前提是使用好有限的资金。

其次，约法三章，制定一个简单的零花钱使用规则。

梦想储蓄罐里的钱平时不能随便拿出来花，要等到实现梦想的时候才可以使用，你可以和孩子有一个小约定，比如，他想要的一个小玩具或其他想要的东西，价格在 10~30 元左右，等到梦想储蓄罐里的钱足够买到想要的东西的数量时，再让孩子使用，然后，再和孩子做下一个约定。训练延迟满足能力，建立为未来做准备的意识。

爱心储蓄罐里的钱平时也不能随便拿出来花，只有爸爸妈妈、爷爷奶奶、外公外婆的生日，买生日礼物时才可以花，如果储蓄罐里的钱买礼物不够，爸爸妈妈可以给予补充。

零花钱储蓄罐里的钱平时可以花，但要征求爸爸妈妈的意见，不能想买什么就买什么，只有妈妈爸爸同意才可以买，不能养成乱花钱的习惯。

每周结账，每周给完零花钱，数一数储蓄罐里小硬币的数量，让孩子记住自己有多少钱，做到心中有数，同时又提高了孩子的数学能力。

为什么要定规则呢？

4~5岁的孩子喜欢有自己的主张，但开始有规则意识，对正确与错误开始有了很基本的理解，而且能够遵循简单的团体规则。比如，在团体游戏中，如果有的孩子不遵循规则，那么，就会有孩子向老师告状。

社会本身就是在一定规则下运转的，法律法规、道德都是规则。3~6岁是孩子的**社会规范敏感期**，父母应该给孩子建立明确的生活规范、日常礼仪等规则，让孩子长大后能够遵守社会规范，拥有自律、自由的生活。如果孩子小时候没有规则意识，养成了骄纵、蛮横的性格，长大后不易融入团体，缺乏团队精神和合作能力，容易被社会淘汰。

再次，给零花钱时要有仪式感。

每次给孩子零花钱时，不要随时、随便、随手、不计数量地把钱丢给孩子，要郑重其事地拿出你准备好的零花钱；让孩子按梦想储蓄罐、零花钱储蓄罐、爱心储蓄罐的顺序摆好三个储蓄罐；然后，把零花钱交给孩子，让孩子按比例将零花钱放入储蓄罐。放好后，储蓄罐要归位。

为什么要有仪式感？

你可能会产生疑问，给零花钱这件小事儿还要什么仪式感吗？小题大做，没必要吧！

有必要。仪式感可以让我们对在意的人、事、物怀有敬畏心。敬畏不是畏惧，而是更坚定，更有信心，没有敬畏心的人很难承载太多的财富，也不容易成就大事业；仪式感会产生幸福感，让我们觉得生活更有意义。比如，爱人的生日时送一束鲜花；仪式感会唤醒我们对生活的尊重，比如祭祖。每一个仪式感的背后，都藏着一份尊重和爱的表达。小小的仪式感，会给孩子留下深刻的印象，等孩子长大了，他会更加珍惜金钱和财富，更敬畏金钱的价值和金钱的力量，会更好地驾驭金钱。

玩具回家

训练自理能力；培养归位意识；打好管理能力的基础。

具有"归位意识"的孩子，秩序感和自理能力会更强，思维更有逻辑性，做事更有条理性、持续性和责任感，学习效率会更高，长大后管理能力会更强，环境敏感力会更好。

有一次在郑州讲课，一位妈妈咨询我，她孩子上小学二年级，每天写作业之前找笔、找本就要花掉十几二十分钟，不是笔找不到，就是橡皮找不到，要不就是把作业本落学校了。书包里塞得乱七八糟，零食、书本、文具全混在一起，几乎每天写作业之前都会吵一架。我问她："是不是早晨上学的时候也要吵？"她说："老师您猜得太对了，早晨上学更让人生气，送文具盒、作业本是经常的事儿。"我问她："你的日常生活有没有像孩子这样的状况，东西乱扔，找的时候找不到。"她说："没有，我家里收拾得可干净了。"我说："你的孩子不是你带大的。"她说："老师你又猜对了，孩子是爷爷奶奶带大的。"

这是孩子缺乏"归位意识"造成的。孩子没有"归位意识"就会缺乏秩序感，生活、学习一团糟，对孩子的学习、成长和未来的工作、家庭、事业都会有不良影响。

"归位意识"不是与生俱来的而是教养环境造成的。

第一，家长（爷爷奶奶、外公外婆等孩子的教养者）要以身示范。如果孩子身边的成人丢三落四，东西乱扔，很难培养孩子的"归位意识"。

第二，给孩子提供养成"归位"的环境。孩子的玩具、书本、学习用品、衣服、鞋帽等都要有固定的位置，最好有适合孩子年龄的家具（建议你参考蒙氏教育的思想和理念）。

第三，家长引导。孩子玩完的玩具、阅读完的绘本、用完的文具、外出回来脱下的衣帽鞋子，家长要引导孩子放到该放的地方。

归位意识和整理习惯需要一个长期培养过程，两三岁的孩子先从归位开始，再到分类整理。比如，孩子的玩具：开始训练时，可以指导孩子将玩完的玩具放到玩具箱里，等孩子每次玩完玩具都会主动将玩具放到玩具箱，那么，第一阶段的训练已经成功了。第二阶段，教孩子分类整理。给孩子准备多个小整理箱或分类的柜子。有时孩子会把很多玩具一下子全部拿出来，小汽车、枪、奥特曼、积木、卡片等。玩完后，指导孩子将玩具分类放入不同的整理箱，整理箱贴上标签。

孩子上学后，每天晚上上床前，检查一下书包，把第二天上学要带的东西整理好，要穿的衣服鞋帽叠好放到固定的位置。

第四，家长要有耐心，不要包办，必要时要采取强制措施。

3~6 岁是财商启蒙期，孩子对钱的情感、底层认知和观念、习惯、相关品质很多都来源于幼儿期。

Part 2　儿童财商教养法（4~5 岁）

4~5 岁幼儿好奇心、求知欲强烈，以表象思维为主，感官知觉非常敏感，他们通过感觉、知觉来探索世界，抽象思维能力、逻辑思维能力、建立概念的能力开始发展，通过模仿的方式学习，喜欢"过家家"。这个年龄是接受各种事物的最佳时期。

针对 4~5 岁幼儿，我设计了如下主题：

三个储蓄罐——4~5 岁储蓄罐的使用和 3~4 岁的大不相同，主要目标是培养孩子分配钱、管理钱的能力；

妈妈的生日——建立感恩意识和感恩行为；

认识纸币、1 角与 1 元的兑换、1 元与 10 元的兑换、10 以内按数取钱、生活中的数字——训练孩子的数字敏感力、抽象思维能力和逻辑思维能力；

购物游戏、自己去购物——建立价值概念；

攒钱买玩具——进一步训练延迟满足能力，培养储蓄习惯；

小猴子过冬——感知劳动的价值和储蓄的重要性；

小猪吃玉米——发现交换的秘密，感知钱的交换功能；

少带孩子逛商场——养成良好的消费习惯；

我是家庭中的一员——建立规则意识和责任意识，培养自理能力和独立能力；

过家家——培养组织能力和领导力。

在这个阶段养成两个习惯——储蓄习惯、良好消费习惯；培养两个观念——管钱观念、价值概念；建立四个意识——感恩意识、劳动意识、规则意识、责任意识；训练五个能力——数理逻辑思维能力、延迟满足能力、自理能力、组织能力、领导力。

妈妈的生日

建立感恩意识和感恩行为。

孩子小的时候，基本上都是父母给孩子过生日，拍生日照，买生日礼物，甚至是一家人给孩子过生日，很少有孩子给父母过生日，时间一久，孩子觉得这是应该的，甚至有的人长大了都不记得爸爸妈妈的生日。当你觉得孩子缺乏感恩之心时，不理解你的苦心时，你要想想你是怎么教育他的。现在的孩子不缺爱，而是缺爱的能力。一个人得到的爱越多，越容易丧失爱的能力，夫妻之间、朋友之间、老板与员工之间都是如此。

作为父母不但要爱孩子，更要培养孩子爱的能力，要适当地向孩子索取，让他知道爱是相互的，与人交往是相互的，不是一厢情愿的。懂感恩、会感恩的人在社会交往中更容易得到友情，更容易获得社会资源。

爱心储蓄罐是用来培养孩子的感恩意识和感恩行动的。当孩子得到了你的生日礼物，享用了你给他准备的生日餐，表达了你对他的爱之后，让孩子拿出他的爱心储蓄罐。

"今天爸爸妈妈给你买的生日礼物你喜欢吗？"

…………

"妈妈给你做的生日晚餐好吃吗？"

…………

"你知道爸爸妈妈的生日是什么时候吗？"

…………

（告诉孩子爸爸妈妈的生日，最好是和孩子一起做一张妈妈生日的提醒卡，一张爸爸生日的提醒卡，放在孩子每天都可以看到的地方，到了爸爸妈妈生日的前几天提醒孩子爸爸妈妈哪天过生日）

"爸爸妈妈爱你，所以，你过生日的时候，爸爸妈妈给你买礼物，给你做好吃的，那么，爸爸妈妈过生日的时候，宝宝是不是也要爱爸爸妈妈，给爸爸妈妈买个小礼物呢？"

…………

"等到爸爸妈妈过生日的时候，你就可以用爱心储蓄罐里的钱给爸爸妈妈买一个小礼物。"

"你想给妈妈买什么礼物？给爸爸买什么礼物？"

……（可以让孩子保密）

"好，那你就为爸爸妈妈的生日礼物储蓄小硬币吧！"

…………

"除了爸爸妈妈需要宝宝的爱，还有没有人需要宝宝的爱呢？"

……（启发孩子需要他去爱的人，爷爷奶奶、外公外婆、老师、好朋友）

爱要说出来，更要做出来。幸福不仅是得到爱，更是有能力给予爱。

认识纸币

认识 1 元、5 元、10 元人民币，训练数字敏感力和观察力；拓展知识面。

把准备好的 1 元、5 元、10 元人民币拿出来，让孩子仔细观察一下，说一说有没有认识的数字、文字和图案。四五岁的孩子大多都认识这些纸币，但很少会仔细观察，更不了解货币本身蕴含的文化。每个国家或地区的货币都承载着这个国家或地区的人文、地理、历史和文化，通过认识货币，可以让孩子了解更多的人文、地理、历史和文化知识，拓展孩子的知识面，增进对金钱的情感。如果你对某些知识也不甚了解，可以先去网上查一查。

认识 1 元纸币

1 元纸币是什么形状？……（长方形）

1 元纸币是什么颜色？……（绿色）

1 元纸币的正面有什么？……（数字"1"；文字"壹圆""中国人民银行"；毛主席头像；中华人民共和国国徽）

1 元纸币背面有什么？……（杭州西湖美景、三潭印月）

认识 5 元纸币

5 元纸币是什么形状？……（长方形）

5 元纸币是什么颜色？……（紫色）

5 元纸币的正面有什么？……（数字"5"；文字"伍圆""中国人民银行"；毛主席头像；中华人民共和国国徽）

5 元纸币背面有什么？……（泰山）

认识 10 元纸币

10 元纸币是什么形状？……（长方形）

10 元纸币是什么颜色？……（蓝色）

10 元纸币的正面有什么？……（数字"10"；文字"拾圆""中国人民银行"；毛主席头像；中华人民共和国国徽）

10 元纸币背面有什么？……（长江三峡）

重复几遍，让孩子记住，平时见到这些货币的时候，随时可以让孩子说一说颜色、图案、文字、数字。

你还可以和孩子有一个约定，如果孩子完成某项任务，带他去泰山或西湖旅游。

1 角＝1 元吗？

1 角至 10 角数与量的对应；1 角与 5 角的兑换；1 角与 1 元的兑换；5 角与 1 元的兑换，训练数理逻辑思维能力。

当你给孩子 1 枚 1 角、1 枚 5 角和 1 枚 1 元硬币，问他要哪个，孩子会随便选一个，在他们的思维中，三个小硬币一样多，都是 1 枚，因为他们还不理解币值的概念。

货币兑换是训练孩子数学思维非常好的方法，货币兑换和货币加减类似蒙氏教具中的邮票游戏和银行游戏（蒙氏教育中的数学领域）。

人的思维建构要经历三个阶段，动作思维、表象思维、抽象思维。抽象思维是建立在表象思维基础之上的，随着孩子心理和大脑发育的逐渐成熟，加上恰到好处地训练，慢慢从表象思维上升到抽象思维。

四五岁幼儿处于表象思维阶段，他们需要通过实物、游戏、动手操作、生活实践来建构思维，逐渐发展抽象思维。比如，你教孩子 3＋2＝5，怎么教呢？幼儿园老师会拿实物来教孩子，老师先拿来 3 个苹果，带着小朋友一起数，1 个、2 个、3 个，一共有几个苹果？一共有 3 个苹果；老师又拿来 2 个苹果，一起数，1 个、2 个，一共有几个苹果？一共有 2 个苹果；原来有 3 个苹果，现在又拿来 2 个苹果，一共有几个苹果呢？然后再带着小朋友从头数，1 个、2 个、3 个、4 个、5 个，一共有几个苹果？一共有 5 个苹果，3 个苹果加 2 个苹果，一共是 5 个苹果。如果你只是用语言教孩子 3＋2＝5，孩子也能记住，但孩子并不理解 3＋2＝5 的具体含义，只是记忆，很难建立思维。有的孩子到了六七岁，甚至是小学一年级的时候，做算术题还要掰手指头，这是正常现象。如果你不让他在上面掰，他会偷偷在下面掰手，如果你禁止他掰，他会在心里掰。

孩子数学学不好一个重要的原因是在表象思维阶段没有把抽象的数字符号与实物和事件对应起来，没有理解数字所代表的实际意义。我们都认为数学是一门抽象学科，其实这是一个误区。数学起源于生活，人类是从结绳计数开始建立数学概念的，儿童数学概念的建立也应该像我们的祖先一样，从生活实践中来。

有一次，我给一个幼儿园做师训，园长对我说："蒋老师，我发现孩子上完财商课以后根本不用上数学课，而且比在数学课上学得还好。"有一位妈妈分享她的孩子上财商课的效果，她说，有一天，她问女儿（三年级），"九块九加九块九是多少？"她女儿思考了一下，伸手去拿计算器，旁边玩耍的儿子（幼儿园大班）脱口而出"十九块八。"她说她当时特别吃惊，问儿子是怎么算出来的，儿子说："我也不知道，两个九块九就是十九块八。"当时我也有点吃惊，按我们成人的思维，九块九加九块九，既要进位，又要有小数点，大班的孩子不可能算出来。孩子的算法一定不是按我们的逻辑算出来的，他们是在购物游戏和使用货币的过程中建立了自己的运算方式。这就是在生活实践中学习的力量。

下面我们就开始训练孩子的数学思维吧。

数与量的对应

首先，制作1角至10角、1元的数字卡，准备好若干1角、5角、1元小硬币。

拿出制作好的数字卡，教孩子认读数字卡。

将1角至5角的数字卡按顺序摆好，然后，让孩子在数字卡的下面或后面摆上对应数量的1角小硬币，一边摆一边大声数出来。

待孩子熟练掌握了 1 角~5 角的数与量的对应后，再进行 6 角~10 角的数与量的对应。

待孩子熟练掌握 1 角~10 角的数与量的对应后，再进行 1 元~10 元的数与量的对应。

1 角与 5 角的兑换

放好一张 5 角的数字卡，让孩子摆上对应的 1 角小硬币，一边摆一边大声数出来："1 角、2 角、3 角、4 角、5 角。"问孩子："一共有几角？""一共有 5 角。"

在 5 角数字卡下面再放一张 5 角数字卡，然后，拿出一枚 5 角小硬币，问孩子："这是几角？""也是 5 角。"放在 5 角数字卡后面。

让孩子观察"两个 5 角数字卡后面的小硬币有什么不同？"

"第一个 5 角数字卡后面是 5 枚 1 角小硬币，第二个 5 角数字卡后面是 1 枚 5 角小硬币。"

待孩子观察清楚，能够说出来后，用手指指画 5 枚 1 角小硬币，一边指画一边对孩子说："5 枚 1 角小硬币合起来是 5 角。"让孩子和你一起重复几遍，然后，"把 5 枚 1 角小硬币和 1 枚 5 角小硬币一样多"再重复几遍。接下来，将5枚1角小硬币放在左手掌上，1枚5角小硬币放在右手掌上。"5枚1角小硬币和1枚5角小硬币一样多。所以，5枚1角小硬币可以换成1枚5角小硬币。"一边说一边做交换的动作。再接下来，将1枚5角小硬币放在左手掌上，5枚1角小硬币放在右手掌上。"1枚5角小硬币和5枚1角小硬币也是一样多。所以，1枚5角小硬币又可以换成5枚1角小硬币。"一边说一边做交换的动作。

看到这里，你是不是已经失去耐心了？但如果带孩子一起做，你一定会有成就感。

不要省略任何步骤，一定要这样做。

到这里，大多数孩子还是搞不清楚的，但已经建立起了5枚1角和1枚5角一样多的概念。

下面和孩子进行**兑换游戏**

你手里拿着1枚5角小硬币，"宝宝，妈妈（爸爸）用5角小硬币换你的1角小硬币，你应该给妈妈（爸爸）几枚1角小硬币？"

你手里拿着1枚1角小硬币，"宝宝，妈妈（爸爸）用1角小硬币换你的5角小硬币，妈妈（爸爸）应该给你几枚1角小硬币？"

和孩子交换角色重复上述交换。

你可以用1枚、2枚、3枚、4枚1角小硬币和孩子换1枚5角小硬币，检验孩子是否已经掌握。

接下来再进行一个**购物游戏**

拿来铅笔、橡皮、小玩具等，分别定价为3角、4角、5角，妈妈（爸爸）扮演售货员进行购物游戏。5角的商品让孩子分别用1角和5角两种面值的硬币付款，和孩子互换角色重复进行。

上述训练不是一次两次就能达到效果的，需要训练一段时间，不要急于求成。在我们成人看来极其简单的问题，但对孩子来说，就像我们学习高等数学一样难。

1角、5角与1元的兑换

将1角小硬币摆成如下6组：

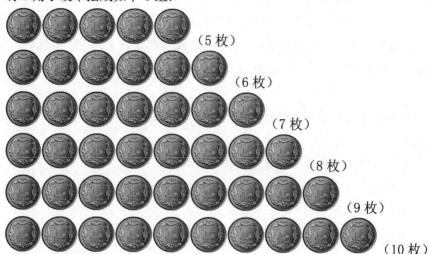

（5枚）
（6枚）
（7枚）
（8枚）
（9枚）
（10枚）

让孩子点数每一组小硬币是多少枚并放上对应的数字卡。

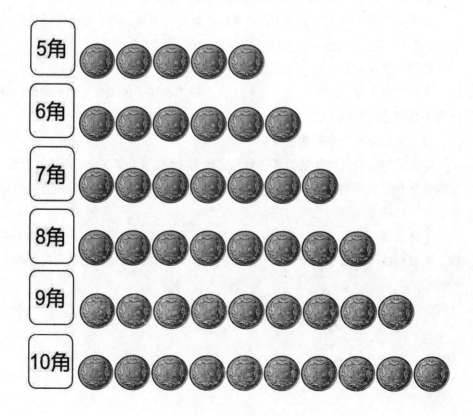

让孩子观察并思考，"第一组 5 枚 1 角小硬币可以换成什么？"

"5 枚 1 角可以换成 1 枚 5 角，因为，5 枚 1 角和 1 枚 5 角一样多。"

让孩子观察并点数第二组。

让孩子点数"1 角、2 角、3 角、4 角、5 角、6 角"

问："一共有几角？"

答："一共有 6 角。"

问："可不可以把其中的 5 枚 1 角小硬币换成 1 枚 5 角小硬币？"

答："可以。"

让孩子将 5 枚 1 角硬币换成 1 枚 5 角硬币。

示范给孩子点数，这时候点数要从 5 角开始，"5 角、6 角""1 枚 5 角和 1 枚 1 角也是 6 角"。

同样操作第三组、第四组、第五组。

让孩子点数第六组，"1角、2角、3角、4角、5角、6角、7角、8角、9角、10角"。

问："一共有几角？"

答："一共有10角。"

问："请宝宝想一想，怎么将1角小硬币换成5角小硬币呢？"

如果孩子不能完成兑换，你可以将10枚1角硬币分成两组，5枚一组，再启发孩子思考。

用手指一边指画一边说："2枚5角也是10角，2枚5角和10枚1角一样多。"

将小硬币摆成如下四组，让孩子观察这四组小硬币有什么不同。

让孩子点数并放上对应的数字卡。

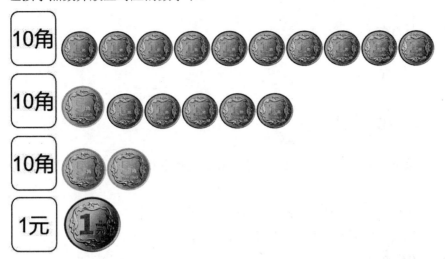

用手指一边指画一边说："10枚1角是10角；1枚5角和5枚1角是10角；2枚5角是10角，1枚1元是10角，它们一样多。"

将10角数字卡换成1元数字卡，一边说一边换。

"10枚1角和1元一样多。"

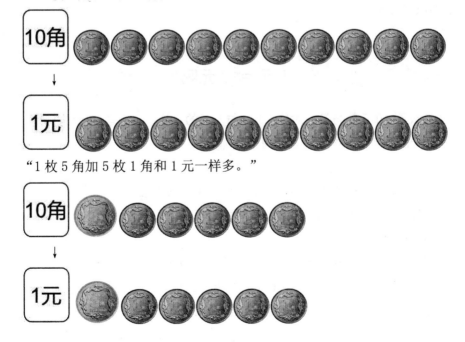

"1枚5角加5枚1角和1元一样多。"

"2枚5角和1元一样多。"

接下来你可以根据上述内容自己设计兑换游戏和购物游戏，和孩子一起做游戏。

游戏结束后，拿出一张1元纸币。左手拿着1枚1元硬币，右手拿着1张1元纸币；"1元硬币和1元纸币都是1元，它们一样多，都可以买到一支价格1元的棒棒糖。"

1角、5角、1元之间的兑换对于孩子来说是比较复杂的过程，你可以将上述内容分成几个部分循序渐进地进行，也可以等孩子年龄稍大一点儿的时候再训练，孩子的认知能力和思维能力发育有早晚，不要急于求成，更不能因为孩子不理解而说孩子笨。

1 元＝10 元吗？

1元至10元数与量的对应；1元与5元的兑换；1元与10元的兑换；5元与10元的兑换，训练数理逻辑思维能力。

孩子刚接触1角、5角、1元之间的兑换时是有一定难度的，掌握好了之后，1元、5元、10元之间的兑换会顺理成章，很容易接受。

制作1元至10元的数字卡，准备好若干1元、5元、10元人民币。

数与量的对应

教孩子认读1~10元数字卡，然后让孩子按从小到大的顺序将数字卡摆成一列。摆好数字卡后，再让孩子摆上对应数量的1元纸币或1元硬币，孩子熟练掌握后可以1元纸币和1元硬币混合使用。

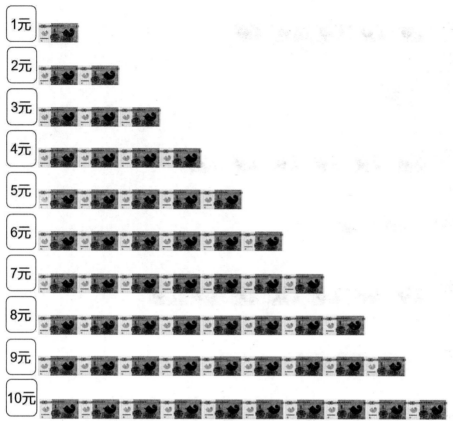

收起数字卡和 1 元纸币，再进行随机练习。随机拿出一张数字卡，让孩子认读数字卡并摆上对应数量的 1 元纸币或 1 元硬币，或 1 元纸币和 1 元硬币混合使用。

1 元、5 元、10 元之间的兑换

让孩子观察下面两组纸币有什么不同和相同。

（5 张 1 元）

（1 张 5 元）

不同之处：第一组是 1 元纸币，第二组是 5 元纸币；第一组有 5 张，第二组只有 1 张。

相同之处：它们的总数都是 5 元。

"5 张 1 元加起来是 5 元，1 张 5 元也是 5 元，所以它们一样多。"

接下来让孩子做下面的兑换。

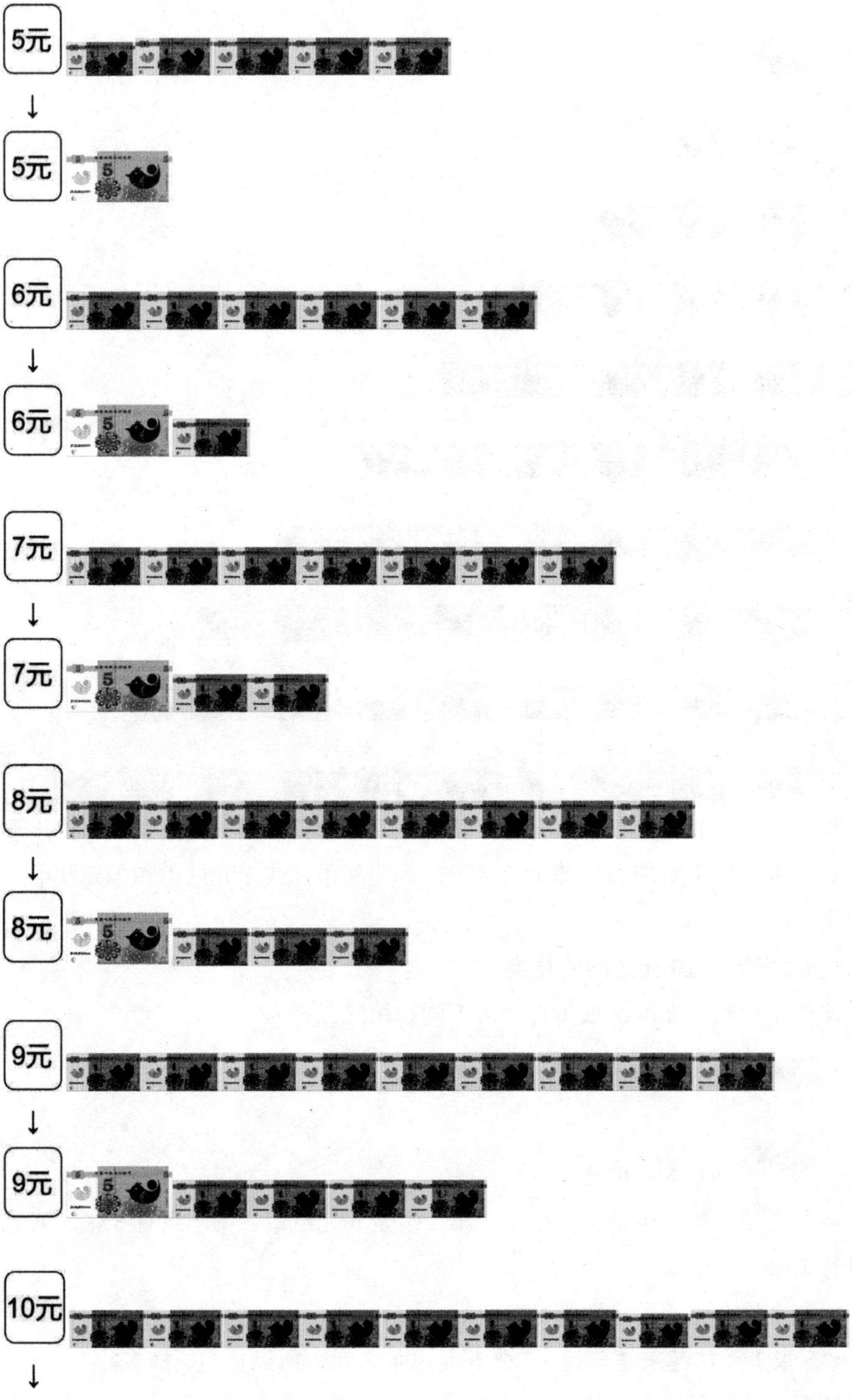

5元

↓

5元

6元

↓

6元

7元

↓

7元

8元

↓

8元

9元

↓

9元

10元

↓

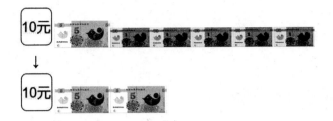

拿出 1 张 10 元。

"10 张 1 元是 10 元，那么，10 张 1 元可不可以换成 1 张 10 元呢？"

"可以，10 张 1 元和 1 张 10 元一样多。"

再拿出 1 张 10 元纸币。

"2 张 5 元合起来是 10 元，那么，2 张 5 元可不可以换成 1 张 10 元呢？"

"可以，2 张 5 元和 1 张 10 元一样多。"

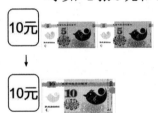

接下来反过来兑换。

拿出 1 张 10 元纸币，"1 张 10 元可以换几张 1 元？"让孩子一边回答一边动手摆放，"10 张，10 张 1 元和 1 张 10 元一样多。"

再拿出 1 张 10 元纸币，"1 张 10 元可以换几张 5 元和几张 1 元？"让孩子一边回答一边动手摆放，"1 张 5 元和 5 张 1 元，1 张 5 元和 5 张 1 元加起来是 10 元。"

再拿出 1 张 10 元纸币，"1 张 10 元可以换几张 5 元？"让孩子一边回答一边动手摆放，"2 张，2 张 5 元加起来是 10 元。"

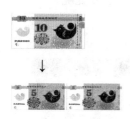

根据上述内容设计交换游戏和购物游戏。

孩子的数理逻辑思维、对金钱的驾驭和使用是在动手游戏和生活实践中，不断重复中建立完善的，最好是每天都进行一次兑换游戏或购物游戏。带孩子购物时多让孩子用真实的货币付款，让孩子在实际生活中锻炼思维，学会使用金钱。

你要多少钱？

1 角~10 元不同币值的混合使用，提升数理逻辑思维能力，提高使用金钱的能力。

准备好若干 1 角~10 元人民币。

孩子拿着钱，爸爸或妈妈按下列要求让孩子按数取钱。我给你的顺序和数量都是有内在逻辑的，先不要改动，等孩子掌握好后再随意改动。

按三个阶段训练。

第一阶段

孩子："爸爸、爸爸（妈妈、妈妈）你要多少钱？"

爸爸（妈妈）："我要 3 角钱。"孩子数出 3 角钱交给爸爸（妈妈）。

孩子："爸爸、爸爸（妈妈、妈妈）你要多少钱？"

爸爸（妈妈）："我要 5 角钱。"孩子数出 5 枚 1 角或 1 枚 5 角交给爸爸（妈妈），如果孩子只用一种方式数出来，爸爸（妈妈）提醒孩子还有另一种方式。

孩子："爸爸、爸爸（妈妈、妈妈）你要多少钱？"

爸爸（妈妈）："我要 7 角钱。"孩子数出 7 角钱交给爸爸（妈妈）。两种方式：

孩子："爸爸、爸爸（妈妈、妈妈）你要多少钱？"

爸爸（妈妈）："我要 10 角钱。"孩子数出 10 角钱交给爸爸（妈妈）。

三种方式：

孩子："爸爸、爸爸（妈妈、妈妈）你要多少钱？"

爸爸（妈妈）："我要 1 元钱。"孩子数出 1 元钱交给爸爸（妈妈）。五种方式：

第二阶段

孩子："爸爸、爸爸（妈妈、妈妈）你要多少钱？"

爸爸（妈妈）："我要 4 元钱。"孩子数出 4 元钱交给爸爸（妈妈）。三种方式：

（1元硬币）

（1元纸币）

（混合）

孩子："爸爸、爸爸（妈妈、妈妈）你要多少钱？"

爸爸（妈妈）："我要 5 元钱。"孩子数出 5 元钱交给爸爸（妈妈）。四种方式：

（1元硬币）

（1元纸币）

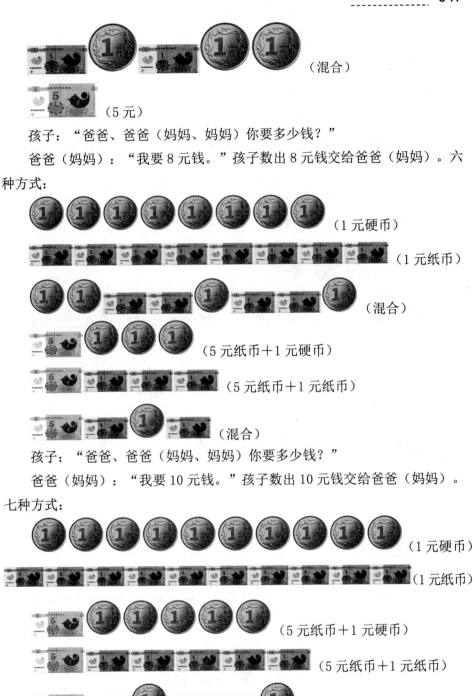

（混合）

（5元）

孩子："爸爸、爸爸（妈妈、妈妈）你要多少钱？"

爸爸（妈妈）："我要8元钱。"孩子数出8元钱交给爸爸（妈妈）。六种方式：

（1元硬币）

（1元纸币）

（混合）

（5元纸币＋1元硬币）

（5元纸币＋1元纸币）

（混合）

孩子："爸爸、爸爸（妈妈、妈妈）你要多少钱？"

爸爸（妈妈）："我要10元钱。"孩子数出10元钱交给爸爸（妈妈）。

七种方式：

（1元硬币）

（1元纸币）

（5元纸币＋1元硬币）

（5元纸币＋1元纸币）

（混合）

（5元纸币）

（10 元纸币）

第三阶段

孩子："爸爸、爸爸（妈妈、妈妈）你要多少钱？"

爸爸（妈妈）："我要 1 元 3 角。"孩子数出 1 元 3 角钱交给爸爸（妈妈）。

两种方式：

孩子："爸爸、爸爸（妈妈、妈妈）你要多少钱？"

爸爸（妈妈）："我要 1 元 5 角。"孩子数出 1 元 5 角钱交给爸爸（妈妈）。

四种方式：

孩子："爸爸、爸爸（妈妈、妈妈）你要多少钱？"

爸爸（妈妈）："我要 1 元 7 角。"孩子数出 1 元 7 角钱交给爸爸（妈妈）。

六种方式：

孩子："爸爸、爸爸（妈妈、妈妈）你要多少钱？"

爸爸（妈妈）："我要2元。"孩子数出2元钱交给爸爸（妈妈）。十四种方式：

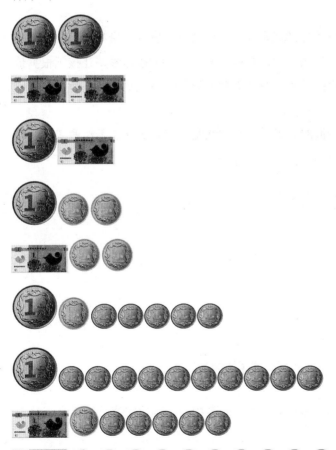

待孩子将这三个阶段的训练掌握好，你可以在 1 角至 10 元以内说出任意数量，让孩子按数取钱，不必展示所有方式，只要取出来的数量和你说出的数量对应就可以。

除了这样训练，最好的方法还是在生活中让孩子实践，带好 1 角~10 元各面值的人民币，带孩子去商场、超市观察各种商品的价格标签，让孩子根据价格标签模拟付款，然后给孩子买一两件喜欢的商品作为奖励。

通过儿歌记住不同面值的人民币，感知钱是爸爸妈妈辛苦工作赚来的，增强与金钱的情感。

小硬币圆又圆，

1 角、5 角和 1 元。

小纸币方又方，

1 元、5 元和 10 元。

我们都是好伙伴，

爸爸妈妈辛苦赚。

生活中的数字

认识生活中的数字，了解数字所代表的事物，理解数字背后的意义，培养数字敏感力。

数字在生活中无处不在，任何一个数字（孩子接触到的）在生活中都能找到对应的事物，孩子只有把数字与所代表的事物对应起来，才能理解数字的意义，产生对数字的兴趣。

从金钱和财富的维度来说，一个人心中的数字有多大，人生格局就有多大。一个想赚一百万的人和一个想赚一个亿的人，所思所想所为以及人生格局一定不一样。

数字敏感力的核心是理解数字所代表的真实世界的能力。比如，训练有素的会计师、投资高手通过财务报表很容易能判断出一个企业的经营状况及未来发展。

数字敏感力是财商教育中很重要的一个能力。让孩子理解生活中常见的数字的现实意义对培养孩子的数字敏感力很重要，对数字背后的含义理解得越深越广，数字敏感力就越强，思维就会越有深度和广度。

下面我们就从生活中常见的数字开始吧。

体温计

体温计，小孩子都不陌生，每次去医院基本都要测体温，家里也会有备用的玻璃体温计或电子体温计。

和孩子做一个角色扮演小游戏，让孩子扮演医生，爸爸妈妈扮演病人，让孩子给你测一测体温，给孩子讲一讲体温计上的数字代表什么含义。测一测一家人的体温，看看会发现什么？每个人的体温（数字）是不同的，每一个数字（体温）都对应一个人，表明此刻这个人的体温是否正常，根据体温（数字）可以判断出谁的身体有问题。

温湿度计

有的家庭会有温湿度计，温湿度计上显示的是一组数字，包括日期、时间、温度和湿度，这是训练孩子数字敏感力很好的一个工具。

首先，告诉孩子每组数字代表什么含义。比如，"12：03"代表现在是中午12点03分；2022年1月1日代表的是日期；星期六代表的是星期几；28.0℃代表温度；65%代表湿度。观察好后，拍一张照片备用。如果孩子对星期、温度、湿度的概念感兴趣也要给孩子讲一讲。

其次，让孩子观察温湿度计上数字的变化，观察一次拍一张照片。过一段时间把照片拿出来对比找不同，这样，孩子会把日期、时间、星期、天气的变化全都联想到一起，能够更好地建立时空概念。

再次，把体感与温湿度计上的数字对应起来。和孩子一起在不同的季节里找到有代表性的天气，看着温湿度计上的数字，说出自己的感受，比如，什么是春季的春寒；什么是夏季的湿热；什么是秋季的凉爽；什么是冬季的寒冷，再把不同季节的物候对应起来，感知温湿度计上数字的意义。然后把自己的体感与穿着及生活中的注意事项再联系起来，这样培养出来的孩子不是在一个维度上思考问题而是关联多个维度去处理问题、解决问题。能够很好地提升孩子的观察力、判断力、想象力、创造力和记忆力。**教孩子怎么想、怎么做比教孩子是什么更重要。**

写到这里，我想起了"感觉统合"，于是想到"思维统合"，我上网查了查，没有查到"思维统合"这个词，至少没有查到我想要的这个概念。我大胆定义一下，读到此处的你可以有不同的意见。

思维统合就是你能够将看到、听到的信息整合到相应的时空和对应的人事物中，从不同维度、多维度做出你的判断、选择和决定，而不是简单的、单一维度的思维。比如，在新闻中听到央行调高了准备金率，你会想到什么，有的人会想准备金率调高了跟我有什么关系，但有的人会想，准备金率调高了，贷款难了，需要贷款的企业一定会想办法贷款，那我的机会就来了；股票市场里大多数人很容易被套牢，被割韭菜，因为大多数人是根据表象级的信息作出判断和决策，你看到、听到后的价格变化都是已经被消化完源信息后的现象。具有思维统合能力的人不会根据表象级的信息轻易作出判断和决策。

卷尺、身高贴

 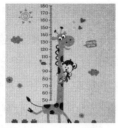

尺子是用来测量长度的工具。尺子上有数字、刻度和单位，三者结合在一起才能正确测量出物体的长短，对于孩子理解数字的意义很有帮助，而且简单直观，特别适合表象思维阶段的幼儿。

我记得我女儿上小学的时候，有一道数学考试题，是连线题。大概是这样，左侧一列是 5 厘米、15 厘米、100 厘米，右侧一列是橡皮、书本、桌子的图片。她一个都没连对，我问她："你在哪见过 100 厘米那么大的橡皮？你的桌子如果只有 5 厘米，你怎么写作业？"她一脸疑惑，在她的头脑中根本就没有尺寸大小的概念。我找出卷尺，和她一起测量了橡皮、书本和桌子，这时她才恍然大悟。我们俩又测量了家具、房间和她的一些玩具和学习用品，以后有关测量的题再也没有错过。如果孩子不能将数字及单位与实物相对应，就无法建立概念，会影响孩子的思维构建。思维是建立在概念基础上的，概念错了，思维就会有偏差，导致认知错误。

买一个身高贴贴在孩子的房间或客厅里，隔一段时间测量、记录一下孩子的身高，孩子就能够理解身高贴上的数字代表的是自己的身高。你还可以和他的生活起居习惯联系在一起，想长高个就要好好吃饭，不吃垃圾食品，不挑食，每天早睡早起身体好。

钟表

小孩子普遍缺乏时间概念和时间观念。

首先，你可以把时间（表盘上的数字——时针和分钟所在的位置）与他应该做的事情对应起来，设计一个简单的一日生活流程（用图表的形式），比如，起床、穿衣、洗漱、早餐、上幼儿园、阅读、游戏、睡觉等的时间流程。

其次，让孩子在做事情的过程中，感知时间的存在和时间的长短。比如，吃早餐，7 点整（时针指在 7、分钟指在 12）开始吃早餐，让孩子看好时针、分钟的位置，等孩子吃完早餐再让孩子看一看时针和分钟位置的变化，如果分钟指在了 3 的位置，告诉孩子，他吃早餐花费了 15 分钟的时间。其他的活动也可以这样做，在数字的变化和时间的流逝中潜移默化地就培养了孩子的时间概念和时间观念。

再深入一点儿，你可以让孩子把表盘上的时间（数字和时针、分钟所在的位置）与太阳的位置对应起来。如果你有兴趣，可以做一个简单的日晷，让孩子观察太阳的运行与钟表的对应。我觉得这很有趣、很有意义。在中国的传统文化里时间是一个具象的时空概念而不是抽象的时间概念，现代科学也在探索时间和空间的统一性。

价格标签

价格标签除了标有商品的价格外，有的价格标签还会标明商品的品名、产地、规格、等级、优惠等信息。价格是商品价值的货币体现，通过对商品价格（数字）与商品的对应，以及使用商品的感受让孩子建立价值概念。

带孩子到超市、商场观察不同商品的价格标签，将价格标签上的信息读给孩子，让孩子了解商品的完整信息，并告诉孩子价格标签上的数字是商品的价格，价格就是你要得到这个商品要付出多少钱。找到家里常用的物品，如食品、厨具、床上用品、玩具、学习用品等，和孩子一起记录价格，探讨一下商品的用途，感知什么是使用价值。

让孩子记住他常购买的商品的价格，如食品、玩具、学习用品，并和他的零花钱联系起来，让孩子知道零花钱是有限的，不能买到所有想要的东西，要把钱花在最有用的地方。

车牌号

巴菲特从小就对数字极其着迷，对金钱也很热衷。他的爱好和兴趣都围绕着数字和金钱打转。小时候经常和小伙伴一起坐在马路边记下路过的车牌号，比赛看谁记住得多。长大后，朋友拿出一本年鉴，念出一些城市的名字，巴菲特就会一个接着一个快速报出每个城市的人口有多少。

记车牌号看似只是一个游戏，但对于培养孩子的数字敏感力和对数字的兴趣很有意义。

手机号

让孩子记住爸爸妈妈和亲人的手机号。

你可以把手机号写成一组一组有规律的数字让孩子练习记忆力。

门牌号

问一问你的孩子，"快递小哥是怎么找到我们家的？"

打开你的网购地址，给孩子看一看"××省××市××区（县）××街××号××小区×幢×单元×××号。"

快递小哥就是根据这一连串的数字找到了我们家，孩子很容易就明白了这一串数字的含义。

门牌号是一个地理位置信息。小区的位置有一个门牌号，比如，北环路92；楼的侧面有一个门牌号，比如，16幢；楼门口有一个门牌号，比如，1单元；你家的门口有一个门牌号，比如，幸福小区16幢808。带着孩子按顺序从头到尾认一遍，记住自己家的门牌号。

你还可以打开导航软件，输入一个附近熟悉的位置，和孩子一起步行，感受一下门牌号的作用。

音符

两只老虎

1=C 4/4

```
1  2  3  1  | 1  2  3  1  | 3  4  5  - | 3  4  5  - |
两 只 老 虎， 两 只 老 虎， 跑 得 快，   跑 得 快，

5 6 5 4 3 1 | 5 6 5 4 3 1 | 1 5 1 - | 1 5 1 - |
一只没有眼睛，一只没有耳朵，真 奇 怪，  真 奇 怪，
```

把孩子熟悉的歌曲的乐谱打印一张，让孩子有感情地唱出来。

"这么好听的歌，你知道是怎么写出来的吗？"

…………

出示乐谱："这么好听的歌，是用数字写出来的。"

如果你的音乐素养比较好，可以给孩子唱谱，让孩子感知数字与乐音的对应；演奏一下乐器，让孩子感知数字与乐器上的键或弦的对应。培养孩子数字敏感力的同时又激发了孩子对音乐的兴趣。

高铁票和飞机票

问一问孩子："如果爸爸妈妈带你去旅游，乘高铁或乘飞机的时候，喜欢坐在靠窗的位置还是不靠窗的位置？"（孩子都喜欢靠窗的位置）

"如果所有的人都想要靠窗的位置怎么办？"

…………

"用数字决定谁是靠窗的位置。"

"高铁票、登机牌上用数字规定了人们在高铁或飞机上的座位号，乘坐高铁和飞机的人必须按照座位号坐在规定的位置。"

让孩子感知数字能够建立起有约束力的规则。

在孩子的生活中还有很多数字，比如，广告牌、身份证、汽车驾驶室、遥

控器等，你可以随时讲给孩子，让孩子了解数字的意义，感知数字的魅力，更深入地理解数字与世界的联系，为未来阅读财务报表，分析财务报表打下坚实的基础。

购物游戏

建立价值概念，训练数学思维。

整理家里大概在 10 元以内的所有物品，放在"**购物区（小超市）**"；制作价格标签，用×元×角的形式，不要用小数点的形式；价格尽量接近商品的真实价格；给孩子若干人民币（1 角~10 元面值）。

爸爸妈妈扮演售货员，孩子扮演消费者，让孩子按价格标签付款。孩子每购买一件商品时要说出商品的功能和用途，然后，爸爸妈妈和孩子交换角色继续游戏。

为什么价格要尽量接近商品的真实价格？

孩子在幼儿阶段接受的东西会进入他的潜意识，形成最底层的价值观和价值标准并伴随其一生。幼儿阶段的孩子虽然还是活在童话世界里，但也不能忽略接触真实的现实世界，这样才能更好地完成社会化发展。潜意识会无形影响我们的意识、思维和价值判断，比如，你去日本、韩国或越南，你使用他们的货币时很难做出正确的价值判断。我的一个朋友去越南旅游，到酒店住宿，在前台付款时，服务员要求他用人民币付款，我这个朋友掏出钱包，递给服务员一张 100 元的人民币，准备拿第二张时，就看到服务员特别兴奋，迅速收起 100 元的钞票，从抽屉里拿出一沓越南盾，欻欻欻找了一堆给他，他以为自己赚了，数都没数就揣兜里了。后来才知道，他是花高价住了一宿。

为什么要让孩子说出商品的功能和用途？

这是一种意识或思维方式的输入，让孩子在花钱购物时，思考一下为什么要买这个商品，这个商品有什么价值，值不值得买。如果孩子小时候拿到钱就花，只是为了满足自己的欲望，很容易养成不良的消费习惯和消费观念，形成错误的金钱观。

这样的购物游戏最好每隔一段时间（1~2 周）进行一次，持续到孩子上小学。作为意识和习惯的培养需要时间和重复。

自己去购物

培养独立能力，锻炼掌控金钱的能力。

通过前面货币兑换和购物游戏的训练，孩子掌控金钱的能力会很快提高，但真正的能力还要到生活实践中去锻炼，多给孩子创造独立购物的机会。比如，生活常用的油盐酱醋、食品等小额消费让孩子去完成。

为安全考虑，让孩子在你的视线范围内，去小区附近的超市购物。你可以跟在后面，但不要干涉孩子的购物行为，购物完成后再和孩子交流。

购物前定好规则：向孩子说清楚要购买的商品；记住手里钱的数量；记住商品价格；带回购物小票；上交找回的零钱；不得购买自己想要的其他商品。

设计两种购物情况：

第一种，钱的数量大于商品的价格。比如，你让孩子去超市买一袋盐，价格 3 元，给孩子 1 张 10 元人民币。出发前讲明规则，让孩子重复并记住规则，检验一下你的孩子能否遵守规则。

金钱对于小孩子和成人一样，都是一面镜子，是检验一个人自控力和品质最好用的工具，也是训练孩子自控力、延迟满足能力的好办法，看看你的孩子在金钱面前能否控制自己的欲望，遵守规则，做到不乱花钱。如果你的孩子其他规则都能做到，只有"不得购买自己想要的其他商品"没有做到，你要做出惩罚，惩罚的办法是"如果你没有做到不买自己想要的东西，以后不让你自己去购物。"小孩子对自己独立购物非常感兴趣，这一条惩罚就足够了。过一段时间后再给孩子机会，训练孩子遵守规则的意识和能力。如果你的孩子做到了"不得购买自己想要的其他商品"，其他规则没有完全做到，你要鼓励孩子，继续给孩子机会，训练孩子做事认真的能力。

这个过程除了训练孩子掌控金钱的能力、延迟满足能力和数学思维，更有意义的是教孩子做事的流程，即"做什么，怎么做，有什么结果"，从小养成良好的思维和行为习惯。一个优秀的人做事有头有尾，而不是虎头蛇尾，一个优秀的领导懂得如何安排下属做事，一个优秀的父母懂得教孩子方法的重要性。

第二种，钱的数量小于商品价格。这样做的目的是让孩子感知价值概念，还有一个目的是训练孩子独立处理问题的能力。

参与我课程研发的小朋友中，有一个叫妞妞的小女孩（大班），家住在和幼儿园的同一个小区，她的妈妈经常来幼儿园与我沟通，特别支持我的财商课程研发。有一天，我给她讲了现在孩子正在训练的内容，她说要检验一下课程效果。晚上做饭时，她给孩子 50 元钱，让孩子去小区的超市买一包盐。她说："孩子很快就把盐买了回来，进屋后告诉她，盐是 2 元一包，把购物小票和找回来的钱都交给了她，而且还让她数一数钱，看看对不对。"第二天，她来幼儿园对我说："孩子让你训练不错，我给了她 50 元，本以为她会买一堆东西回来，结果她一分不差地把钱交给了我。"我说："你今天晚上放学后，给孩子10 元钱，让她去买一瓶洗衣液，看看钱不够的情况下她会怎么做，而且你要告诉孩子你急用，要尽快把洗衣液买回来。"第二天送孩子上幼儿园，这位家长冲进我的办公室："蒋老师，你猜猜妞妞是怎么做的？""回家拿钱？"她说："不是。""超市的老板说钱不够，她对超市的老板说，我妈妈急着用，可不可以先把洗衣液拿回家，然后再送钱来。结果她先把洗衣液拿回家了，哈哈哈！"

攒钱买玩具

延迟满足训练；强化时间意识；养成储蓄习惯。

四五岁的孩子想要的玩具很多，但不能所有的要求都满足，如果即时满足、超量满足，孩子会失去延迟满足能力和等待的快乐，形成对金钱错误的认知。

我们可以让孩子用储蓄的方式买到自己想要的玩具。在努力攒钱的过程中，孩子会感知到钱不是什么时候要，什么时候就有，让钱变多需要一个过程，需要等待。告诉孩子爸爸妈妈的钱也是不断努力工作慢慢变多的，不是想要什么都可以买到。

还记得前面的三个储蓄罐吗？把孩子想要的玩具作为他的梦想，把为买玩具积攒下来、节省下来的钱放到梦想储蓄罐里。每周数一数，算一算还差多少钱，差几周的时间能够买到想要的玩具。想一想有什么办法赚到钱，比如，卖掉不喜欢的玩具，做一点家务赚零花钱。

向你推荐外研社儿童发展中心《布奇乐乐园》中的一个成长故事《好想好想吃了它》，在网上可以搜到绘本和视频。故事中布奇控制住了自己想吃一颗樱桃的欲望，成功地得到了满树的樱桃，鼓励孩子学会自我控制，学会抑制及时的欲望，获得更大更长远收获。

小猴子过冬

感知劳动的价值和储蓄的重要性；学会帮助别人。

四五岁的孩子语言发展逐渐成熟，而且有了一定的逻辑思维能力，能够运用已经掌握的词汇和积累的知识、经验对一些事物进行描述，能够听懂故事中的逻辑和因果关系，听完故事能说出重要的情节，而且会发表自己的意见。

故事是孩子接受思想和形成价值观的重要渠道，所以要多给孩子讲故事，读绘本，并且鼓励孩子发表自己的想法和意见，跟孩子沟通故事中以及与之关联的生活中的细节，分享彼此的感受，传递正确的思想和观念。但在内容上要精挑细选，用心甄别，那些传递不健康价值观的故事和绘本就不要给孩子讲。

《小猴子过冬》是一个关于储蓄的故事，先给孩子读故事，然后再和孩子讨论小猴子是如何过冬的。

小猴子过冬

秋天来了，天蓝蓝的，白云高高的。

秋天来了，小草和树叶开始变黄了。

秋天来了，苹果笑红了脸。

秋天来了，稻子低下了头。

秋天来了，玉米长出了大胡子。

秋天来了，勤劳的小松鼠在储存干蘑菇和松子。

秋天来了，可爱的小兔子在往家里搬胡萝卜。

秋天来了，小象在帮妈妈收香蕉。

秋天来了，小猪在帮牛爷爷收玉米。

秋天来了，小老鼠在偷偷藏稻穗。

秋天来了，小猴子从一棵树上跳到另一棵树上，享受着甜甜的红苹果。

秋天过去了……

冬天来了，天上飘着雪花；树上的叶子掉光了；苹果树上只剩下干干的树枝和零星的几个小苹果；玉米地和稻田被白雪覆盖了。

小松鼠在树洞里吃着松子；小兔子在小房子里吃着胡萝卜；大房子里小象躺在妈妈的怀里吃着香蕉；牛爷爷家的院子里小猪在帮牛爷爷扒玉米；地下的小老鼠在啃着麦穗；

小动物们都在家里过冬，只有小猴子被冻得瑟瑟发抖，看着苹果树上干瘪的小苹果。

小松鼠想："小猴子不会饿死吧？"

小猪对牛爷爷说："小猴子没有储存食物，怎么过冬呀？"

小象对妈妈说："我们应该帮帮小猴子。"

有爱心的小动物们带着他们的食物来到小猴子家。小猴子饿得瘦瘦的，低着头，沮丧地说："如果秋天不劳动，不储存粮食，冬天会饿死的……"

孩子能够复述故事后，和孩子探讨下列问题：

秋天到了，森林里发生了什么变化？

小动物们都在忙什么？（储蓄，小动物们都在往家里存粮食（吃的），为过冬做准备，这就是储蓄）

小动物们忙着储蓄的时候，小猴子在做什么呢？

冬天，小动物们都在舒舒服服地过冬，小猴子怎么样？

小猴子是怎么平安度过了冬天的？

明年小猴子会怎么做呢？

如果你是小猴子，秋天的时候应该怎么做？为什么？

为什么要储蓄零花钱？

背诵小儿歌。

秋天到，果子熟，小动物们忙碌收。

小猴子，不劳动，过了秋天没了冬。

不储蓄，没了粮，小动物们来帮忙。

小猪吃玉米

让孩子理解如何与人进行交换，发现交换成功的秘密；感知钱的交换功能。

2~5 岁是人际关系敏感期，4~5 岁是人际交往能力发展最快的时期。交换是孩子人际关系敏感期的重要表现，彼此交换食物、玩具，成为交朋友的一种方式。

　　孩子上了中班以后，你会发现孩子经常从家中带小零食或玩具去幼儿园，到了幼儿园，他会拿出小零食或玩具，对其他小朋友说："我有××，你跟我好吗？"其他小朋友说："好啊！"孩子先是通过零食交朋友，但是，过了一段时间后，孩子会发现一个秘密——当自己没有好吃的或好吃的吃完之后，友谊就结束了。发现了这个秘密之后，他们就会寻找一种更持久的交换方式，通常是用玩具。孩子几乎每天都要带玩具去幼儿园，有时会"有去无回"，有时会拿回来一个"新"玩具："这是我和×××换的。"还会兴致勃勃地向你展示"新"玩具的玩法。有的孩子还会将玩具赠送给其他小朋友，从交换到赠送，经过一段时间的发展，孩子们又会发现一个秘密——得到玩具之后，友谊的小船又翻了。这让孩子们意识到玩具也不能维持一个持续的好朋友关系。于是，他们会发现一个交朋友的重要原则——相同的爱好和兴趣，我喜欢你，你也喜欢我。孩子们通过交换过程的积累，总结出自己交朋友的经验。

　　这个年龄的孩子没有吃亏占便宜的概念，所以不要把我们成人的成见灌输给孩子，不要过多地参与孩子的人际交往，否则会打乱孩子对人际关系的自然探究，我们要做的是理解、尊重并给孩子创造条件，给予他们足够的精神支持，让孩子顺利地度过人际关系敏感期。

　　分享与交换是孩子处理人际关系的简单准则。出去玩耍时让孩子带上好吃的、好玩的，分享给一起玩耍的小朋友，让孩子感受分享的快乐，而不是什么东西都自己一个人独享，让孩子养成懂得关心他人的习惯，知道别人喜欢什么、需要什么，而不是什么事都从自己出发。

　　《小猪吃玉米》是一个关于交换的故事，先给孩子读故事，然后再和孩子讨论小猪是如何吃到玉米的。

小猪吃玉米

　　秋天，小猪肥肥在自己家的院子里高兴地吃着玉米，开心地说："我最喜欢吃玉米了！"

　　不久，冬天来了。小猪肥肥的玉米吃完了，饥饿的小猪肥肥在院子里找呀找，可是，院子里只剩下一些吃完的玉米棒和玉米秸了："我好饿呀！我的玉米吃完了！怎么办呀？"

　　小猪肥肥沮丧地走出家门，一边走一边说"哎呀，我得想个办法！"

小猪肥肥来到了大森林里，在一棵大松树下看到了树上的小松鼠。

"小松鼠！小松鼠！你可以给我一些玉米吗？明年秋天我会还给你的！"

小松鼠不好意思地说："对不起！肥肥！我没有玉米。但我可以给你一些松子，松子可好吃了！"

"谢谢你，小松鼠！可是，我不喜欢吃松子！"

小松鼠从树上跳下来，对小猪说："你可以用我的松子去和小猴子换玉米呀！"

小猪肥肥拿着松子去找小猴子。

"小猴子！小猴子！我可以用松子和你换一些玉米吗？"

小猴子挠挠头："我很喜欢吃松子，可是，可是我没有玉米呀！只有苹果。"

小猴子拿出几个苹果与肥肥换了松子，一边换一边说："你可以用苹果和小兔子换玉米呀！"

小猪肥肥高兴地说："谢谢小猴子！"

小猪肥肥拿着苹果敲开了小兔子家的门："小兔子！小兔子！我可以用苹果和你换一些玉米吗？"

小兔子眨眨眼睛说："对不起！肥肥！我很喜欢吃苹果，可是，可是我没有玉米，只有胡萝卜。"

小猪肥肥无奈地用苹果和妞妞换了胡萝卜："你喜欢吃苹果，那就把苹果换给你吧！"

"谢谢你！肥肥！"

小猪肥肥拿着胡萝卜疲惫地走在回家的路上，边走边想："谁有玉米呢？"

走到大象伯伯的家门口，小猪肥肥向院子里看了看，自言自语地说："大象伯伯不会有玉米！"

走到了长颈鹿阿姨家门口，小猪肥肥沮丧地说："长颈鹿阿姨也不会有玉米！"

走到了牛爷爷家门口，小猪肥肥高兴地跳了起来，"对！牛爷爷一定有玉米！"

小猪肥肥推开牛爷爷家的大门，大声喊道："牛爷爷！牛爷爷！我可以用胡萝卜和你换一些玉米吗？"

牛爷爷高兴地笑了："我正想吃一些蔬菜补充一下维生素呐！"

牛爷爷拿出一大堆玉米，小猪肥肥瞪大眼睛，惊讶地看着一大堆玉米："谢谢牛爷爷！谢谢牛爷爷！牛爷爷真好！"

小猪肥肥抱着从牛爷爷那里换来的一大堆玉米，高兴地跑回家，开心地吃起了玉米。

"用别人喜欢的东西换到自己喜欢的东西。小松鼠真聪明！哈哈！我也很聪明！"

给孩子读几遍故事，然后让孩子复述故事，接下来和孩子探讨下列问题：

冬天来了，小猪家里发生了什么事情？小猪想到了什么办法？

小松鼠有什么？小松鼠给小猪想到的办法是什么？

小猴子有什么？小猪和小猴子交换了什么？小猴子为什么愿意和小猪交换？

小兔子有什么？小猪和小兔子交换了什么？小兔子为什么愿意和小猪交换？

牛爷爷为什么愿意和小猪交换？

如果你是小猪，你应该怎么报答小松鼠呢？

小猪最后能够吃到玉米的秘密是什么？（用别人喜欢的东西换到自己喜欢的东西）

在生活中，如果你想吃玉米，你会怎么办？

（用钱买。钱为什么能买到你想要的东西？）

让孩子扮演小猪肥肥，爸爸妈妈扮演其他小动物表演故事。

少带孩子逛商场

养成良好的消费习惯。

模仿是四五岁孩子的学习方式，孩子身边的人对孩子的影响很大，有一句老话"孩子谁带像谁"。这里的"像"不只是指相貌，更多的是指行为习惯、思维习惯、表达方式、说话语气等。有时候你认为是遗传的东西并不一定是遗传，而是长期模仿的结果。

孩子上了中班以后，回到家里经常会把爸爸妈妈、爷爷奶奶、外公外婆当成小朋友，自己模仿老师给他们上课。你从孩子模仿老师的行为上很容易了解到老师的态度、教学方式和教学方法。给孩子选择幼儿园，不要看教什么，要看怎么教，要看老师什么样，要看幼儿园的氛围什么样。如果你觉得老师不是很合适，你要及时调班或调园。

在课程研发的时候，我每天都会与家长沟通和交流。有一天，和一位很熟悉的妈妈聊天，我问她："你在家里是不是这样和你老公说话？"她愣了一下："你怎么会知道？"我说："是你女儿告诉我的。"她更吃惊："我女儿才四岁多，怎么会告诉你我家里的事儿？"我说："不是你女儿用语言告诉我的，是用她的行为举止、说话的方式和语音语调告诉我的。"她承认我说对了。我开玩笑地说："如果你要是一直这样对待你老公，小心你老公把你当作不良资产处理掉。"结果让我言中了。有什么样的抚养人就会培养出什么样的孩子。

幼儿阶段的教育重点在于"立行"，就是习惯养成。我们往往把习惯定位在孩子的行为习惯上，不要忘了还有一个更重要的习惯，叫思维习惯。"思维"，简单说就是遇到问题怎么想。比如，孩子遇到什么问题都是爸爸妈妈帮助解决，慢慢孩子就会形成依赖父母的思维习惯，遇到问题不会自己思考，自己解决，这样长大的孩子会缺乏独立思考的能力，所以，当孩子遇到问题时，爸爸妈妈首先应该鼓励孩子自己想一想，事情是怎么回事？该怎么做？怎么解决问题？启发孩子独立思考、独立做事，然后再指导孩子独立思考和独立做事，不要一下子就帮助孩子把问题解决，把事情做完。

有一次，我在小区散步，看到两个五六岁的小男孩在一起踢球，玩着玩着两个人打了起来，一个小男孩撒腿就跑，一边跑一边大声喊妈妈，另一个小男孩紧握双拳怒目而视。我一边看着一边想，这个喊妈妈的小男孩在家里应该是衣来伸手，饭来张口，遇到问题都是由爸爸妈妈来解决，那个强势的小男孩在家里应该是比较自立的。为了验证我的判断，我主动和两个孩子的妈妈聊聊天，结果我的判断是正确的。喊妈妈的小男孩由于什么事情都是由爸爸妈妈解决，在他的意识和思维中，遇到问题的第一想法是找别人（爸爸妈妈）替自己解决，而不是自己主动解决，已经形成了这种思维习惯，而那个强势的小男孩思维习惯正好与他相反。

思维习惯往往决定行为习惯，习惯是看得见的智慧。习惯背后是思维，思维背后是意识，所以，我一直强调建立什么什么意识，因为**意识是你思维和行为的源头，思维和行为是受意识支配的**。意识来源于环境对孩子的刺激，通过"眼耳鼻舌身"输入的各种信息和刺激会成为"意"，"意"是我们看不到的，非显性的，童年的教育大多是隐性的，所以，对于童年的教育不要盲目追求看得见的效果，而是要关注孩子的心智成长。

孩子的习惯源于环境的影响，爸爸妈妈的习惯会毫无保留地"遗传"给孩子。所以，我建议妈妈们要少带孩子逛商场。首先，商场是一个消费的地方，带孩子逛商场就是刺激孩子的消费欲望，很容易让孩子沉迷于物质享受。其次，你逛商场时冲动的消费行为，买买买的消费行为，孩子都看在眼里，日后会成为他的消费习惯。等孩子大了，乱花钱、偷钱，再想办法制止就已经来不及了。经常带孩子逛商场不但花了很多没用的钱，还养成了孩子不良的消费习惯，没有购物目标，尽量少带孩子逛商场。

我是家庭一员

建立规则意识和责任意识；培养劳动意识；训练自理能力和独立能力。

上了学以后，作业拖拉，没有人陪就不写作业等现象很常见，是很多爸爸妈妈苦恼的问题，原因多是在幼儿阶段没有建立起规则意识和责任意识，没有养成良好的自理习惯和独立习惯。

四五岁的孩子已经进入社会规范敏感期。对于孩子来说，家庭就是一个小社会，家庭规范与社会规范是相容的，是社会规范的一部分。这时，父母应该与孩子建立明确的家庭规范，培养规则意识、责任意识和自律能力。

这个年龄的孩子生理动作发展已经相对完善，能够手脚并用进行全身性的活动。比如，跳绳、单脚站立、抛球、跳过低矮物体、跑、大步跨等动作，能够自行穿好衣服裤子鞋子。在这个年龄让孩子做一些简单的家务，是培养劳动意识、训练自理能力和独立能力的好时期。

结合孩子的社会秩序敏感期和生理发展基础，我们可以对孩子的生活做一些简单的规范。

首先，让孩子感知到他是家庭的一员，而且对家庭的幸福生活负有责任。

比如，你可以经常问一问孩子"我们家有几口人？都有谁？"

……

"爸爸、妈妈、哥哥（弟弟）、姐姐（妹妹），还有××（孩子的名字），我们每个人都是家庭的一员。"

"作为家庭的一员，我们对家庭的幸福生活都有责任。"

"什么是责任呢？"

....

"责任就是每个人都应该做好自己该做的事。比如，爸爸努力工作，妈妈照顾孩子，孩子要自己穿衣、吃饭、阅读、整理玩具、帮爸爸妈妈做家务。这样我们的家才会整洁干净、心情舒畅、生活幸福。"

....

"如果你每天要爸爸妈妈给你穿衣，喂你吃饭，爸爸妈妈很忙的时候，爸爸妈妈是不是很着急？"

....

"你的责任就是自己穿衣，自己吃饭，自己整理书包。"

....

"爸爸妈妈很累的时候，还要帮你整理玩具，爸爸妈妈会不会生气？"

....

"你的责任就是自己整理玩具。"

....

"你要买玩具，爸爸妈妈不给你买你就哭闹，爸爸妈妈是不是很生气？"

....

"你的责任就是不要见到什么要什么，不给买也不要哭闹，可以和爸爸妈妈商量。"

....

"帮助爸爸妈妈做一点儿家务，也是你的责任噢！"

接下来，把上面和孩子交流的问题作为规则用文字写下来，让孩子按上手印。

然后，和孩子确定一些简单的家务劳动。四五岁孩子能做的简单家务劳动大致有扔垃圾、浇花、照顾宠物、准备餐桌餐具、帮妈妈叠好已洗干净的衣服、整理自己的房间等。

自理行为大致有吃饭、穿衣、穿鞋、刷牙、洗手、洗脸、整理玩具、使用马桶、铺床、把自己的脏衣服放在固定位置、准备第二天上幼儿园用的书包、衣服、鞋子、学习用品等。

同时，在执行规则和做家务劳动的过程中设立一些奖惩规则，让孩子知道对自己的行为要负有责任。

孩子的成长需要有他自己独立的时间和空间，家长过于包办会丧失孩子成长的机会。建议"四不"原则：**不饿不吃、不冷不穿、不闹不管、游戏不扰。**有一句老话，把教育孩子不叫教育孩子，叫作"拉扯孩子"，话俗理不糙，就是孩子需要我们的时候，拉一把、扯一下就可以了，监督不监管，给孩子自己解决问题的时间和空间。

社会实践——我是小小 CEO

培养组织能力和领导力。

四五岁的孩子喜欢有自己的主张，喜欢模仿老师指挥别人。有时你会发现孩子会拿出一堆玩具，让玩具扮演各种角色，然后自言自语地指挥玩具进行游戏，这是在他们伸张自己的主张；几个小朋友一起玩耍时，总会有一个小朋友处于领导地位指挥其他小朋友进行游戏，而且小朋友们很能够遵循团体规则，这是在"过家家"，是在模仿成人社会，在"过家家"中不断完善社会性发展。

你要抓住这个机会培养孩子的组织能力和领导力。比如，我们前面说过的"购物游戏"，你可以让孩子模仿超市，让孩子做超市的老板，爸爸妈妈扮演消费者，也可以组织一些朋友的孩子一起游戏。

如果你是做生意、做企业或公司的，或熟悉做生意、做企业、做公司的流程，可以组织一些孩子模拟生意、企业、公司的运营，把孩子们的日常用品当作产品和商品，让孩子们轮流扮演总经理、财务总监、销售总监、销售员等角色。让孩子认识、了解一些简单的生产流程、商业流程，训练孩子的组织能力、领导力，提高孩子的商业意识。

Part 3　儿童财商教养法（5~6岁）

　　5~6岁是幼儿阶段的最后一年，孩子无论在身体发育、大脑发育，还是思维发展较之前都相对成熟了许多，个性也初具雏形。我发现，大多数孩子到了6周岁后，感觉突然间长大了，原来不会的东西一下子就会了，原来听不懂的道理也懂了。这是因为，到了6周岁，孩子的大脑（1300g）已经发育到和成人（1450克）的大脑几乎一样了，语言智能、数理逻辑智能、空间智能、运动智能、音乐智能、人际交往智能、内省智能、自然观察智能等各种智能已经形成。0~6岁是一个人获得能力的最佳时期，一个人一生的能力百分之六七十来源于0~6岁。

　　在这个阶段我设计了如下主题：

　　爸爸妈妈有永远花不完的钱吗？——建立"钱是有限的"观念，养成良好消费习惯；

　　铅笔和棒棒糖买哪个？——建立"需要与想要"的观念，养成良好消费习惯；

　　买需要的，少买想要的——用"钱是有限的""需要与想要"的观念指导日常消费；

　　闲物不闲值——用"需要与想要"的观念处理旧玩具，尝试卖出旧玩具，训练销售能力；

　　以物易物——感知"值"的概念，培养价值认知和价值判断能力；

　　钱的主人——明确"物权"概念；

　　1元＝100元？——1元与100元的兑换，培养数学思维；

　　妈妈手里有多少钱？——10元以内加减，训练数理逻辑思维和运算能力；

　　我和妈妈坐沙发——认识两位数和数位，训练1~99数字与货币的对应；

　　一共多少钱？——20以内加法运算，训练数理逻辑思维和运算能力；

　　还剩多少钱？——20以内减法运算，训练数理逻辑思维和运算能力；

购物游戏——20 以内进退位加减训练，训练数理逻辑思维和运算能力；

钱币宝宝大聚会——训练数学思维；

买新书包——学会为未来做准备，培养储蓄的习惯，强化时间意识；

我的玩具多少钱——认读三位数，训练数字敏感力；

妈妈的手机多少钱——认读四位数，训练数字敏感力；

爸爸的小汽车多少钱——认读 5~6 位数，训练数字敏感力；

钱怎么变多——理解低买高卖、交易次数与交易数量；

外国小朋友用什么钱？——认识不同国家和地区的货币，开阔孩子视野；

我是家务小能手——体验劳动的快乐，感知付出与回报；

摆地摊——体验赚钱的快乐，感知爸爸妈妈赚钱的辛苦，增强感恩意识。

在这个阶段继续培养两个习惯——储蓄习惯、良好消费习惯；培养五个观念——钱是有限的、需要与想要、"值"的概念、赚钱是快乐的、付出与回报；建立一个意识——物权意识；强化两个意识——时间意识、感恩意识；训练五个能力——数理逻辑思维能力、数字敏感力、销售能力、价值认知能力、钱的使用能力。

爸爸妈妈有永远花不完的钱吗？

建立"钱是有限的"观念；养成良好消费习惯。

五六岁的孩子一直是在爸爸妈妈、爷爷奶奶、外公外婆的呵护中生活，想要的几乎都可以被满足，对于"钱是怎么来的""爸爸妈妈赚钱的辛苦""钱是有限的"几乎没有什么感觉，也正是这种优渥的生活让孩子对金钱产生了很多错误的认知和一些偏颇的想法，养成了一些不良的习惯。即使不富裕的家庭，爸爸妈妈宁可自己节省也不会亏了孩子。我看到过这样一则新闻："带孩子吃西餐，妈妈只有一碗泡面！"我们可以赞美这位妈妈母爱的伟大，但我们也要思考这种爱的后果。如果这个孩子心安理得地坐在吃泡面的妈妈对面吃西餐，那么，他将来会不会有一颗感恩的心？当妈妈不能满足他的时候是否能理解妈妈？当他长大的时候能否像妈妈爱他一样爱妈妈？我想可能性不大，因为，他已经习惯了妈妈的给予，觉得妈妈这样做是应该的。

在一次财商训练营中，有一位妈妈跟我讲："她的孩子已经初二了，几乎每天都会因为零花钱吵架。孩子每天都要钱，一周要花四五百块钱，有点承受不起。"我问她："你承受不起为什么还要给他呢？"她说："不给孩子就闹啊，拗不过呀。"我说："一个初二的孩子之所以这样不懂事，不理解父母，原因不在现在，而在于他小时候的成长经历。"这位妈妈跟我讲了她的家庭情况：原来家里是做生意的，比较富裕，孩子小时候花钱没有限制，想花多少就花多少，后来因为投资失败生活很拮据。初二的孩子已经处于青春期阶段，观念和习惯已经固化，没有触动他内心深处的事件是很难改变。

所以，不论你是富裕还是不富裕的家庭，都要从小给孩子建立一个观念——钱是有限的，不是想要的东西都能够满足，有些东西是需要自己的努力和付出才能够获得的。欲望是无法用金钱填满的，当一个人想用金钱满足所有欲望时，那将是一个深渊。

如何让孩子理解"钱是有限的"？

我在课程研发的时候是这样训练孩子的，给每个孩子20枚1角小硬币，然后让他们到模拟的超市购物。孩子们拿到20枚小硬币觉得自己有了很多钱，于是到超市"疯狂"购物，等到收银台结账时，老师让孩子对照价格标签一件商品一件商品付款，结果，每个孩子都不能全部买到自己想要的东西。有的孩子翻来覆去付款，总想想办法买到所有的商品，但是怎么也做不到。最后，他们得出一个结论"钱不够"。孩子们对"钱是有限的"这个词不是很理解，但他们用"钱不够"表达了"钱是有限的"。接下来，老师将孩子们的认知转移到他们的零花钱上，"零花钱是有限的，是不能买到自己想要的所有的东西的"。然后再转移到爸爸妈妈的钱也是有限的，也是不能买到所有想要的东西的。通过孩子们的切身体验，让他们理解了钱是有限的。

你可以模仿这种方法分两步进行。

第一步，模拟购物

将孩子的物品和家里其他的物品标价，制作价格标签，放在模拟超市。每次给孩子固定数额的硬币，让孩子购买他想要的东西，感知手里的钱是有限的，不能买到自己想要的所有东西。

第二步，真实购物

从零花钱储蓄罐里拿出一定数额的钱，和孩子一起去超市，让孩子自由购物，自己付款。通过真实的生活体验，理解钱是有限的。

然后，告诉孩子："你的零花钱是有限的，不能买到你所有想要的东西。

爸爸妈妈的钱也是有限的，也不能买到所有想要的东西。"

有的孩子会说："钱没了去银行取呀。""妈妈的手机里有钱呀。"这时，你要告诉孩子："爸爸妈妈存在银行里的钱，爸爸妈妈手机里的钱，是爸爸妈妈辛苦工作换来，是有限的，不是永远花不完的。"

铅笔和棒棒糖买哪个？

建立"需要与想要"的观念，养成良好消费习惯。

"需要与想要"，我们成年人也很难搞清楚。有一句俗语："女人的衣柜里总是少一件衣服。"当你想要的时候总能找到理由，也正因为如此，浪费了很多钱，花了很多不该花的钱，有的人甚至为此负债，透支未来。我们不能不消费，但不能过渡超前消费，不能缺乏应对危机的意识，因为明天和风险不知道哪个会先到来。从小建立"需要与想要"的观念，分清什么是需要的，什么是想要的，对于孩子价值概念的建立，养成良好的消费习惯和消费观念，培养良好的投资理念都很重要。

那么，**怎么让孩子建立"需要与想要"的观念呢？**

先制作两张字卡写"需要""想要"，准备一支铅笔和一个棒棒糖，然后，通过故事让孩子感知"需要"与"想要"的概念。

下面给你提供一个故事《铅笔和棒棒糖买哪个？》，你也可以上网查一些类似的故事讲给孩子。

铅笔和棒棒糖买哪个？

快放学了，山羊老师微笑着对小动物们说："今天山羊老师要给小朋友们布置一个任务。明天森林幼儿园要举行'夸妈妈大赛'，大家来夸一夸你的妈妈。请小朋友们回家把自己漂亮的妈妈画在画本上，明天我们来比一比谁画的妈妈最漂亮。"

听到山羊老师的话，小动物们叽叽喳喳地说起话来。

小兔子骄傲地说："我的妈妈会给我梳最漂亮的小辫子，给我买漂亮的花裙子，我的妈妈最漂亮！"

小猪哼了哼鼻子："我妈妈做的饭是世界上最好吃的饭，我的妈妈最漂亮！"

小熊猫摆摆手说："不不不，我的妈妈才是最漂亮的，她可温柔了，所有我不会做的事情妈妈都会。"

小猴子不服气地说："我的妈妈每天早上给我做早餐，送我上幼儿园，晚上还给我讲故事，我的妈妈最漂亮！"

小动物们谁也说服不了谁。

山羊老师说："小朋友们的妈妈都是最棒的，看看谁能把自己妈妈画得最漂亮！"

放学了，小猴子一回家就冲进了自己的房间，拿出书包里的画画本和橡皮……

"咦？我的铅笔呢？铅笔去哪里了？"小猴子把书包翻了个底儿朝天，也没有找到铅笔。

"没有铅笔就没办法画画了，嗯！嗯！……怎么办呢？"小猴子都快急哭了。

这时，他看到了桌子上的储蓄罐，"咦！我有妈妈给的零花钱！"小猴子一边说一边把储蓄罐里的零花钱哗啦啦地倒了出来。"1角、2角、3角、4角、5角！太好了！我有五角钱，正好可以买一支铅笔！"

小猴子拿着小硬币向长颈鹿阿姨的超市跑去。

"找到铅笔啦！铅笔是五角钱！"

"咦！还有棒棒糖，桃子味儿的。哈哈！我最喜欢吃的味道！也是五角钱。"

小猴子一只手拿着铅笔，一只手拿着棒棒糖准备去付钱。

突然，小猴子停下了脚步，看着手里的棒棒糖和铅笔皱起了眉头，"不对呀，我只有五角钱，买了棒棒糖就不能买铅笔了。可是，买了铅笔，就不能吃到棒棒糖了，我该怎么办呢？"

小猴子看着手里的棒棒糖，心想："如果我买了甜甜的棒棒糖，我就不能买铅笔了。没有铅笔，我就不能画出最漂亮的妈妈，不能把妈妈夸奖给其他小朋友了。"

又看看手里的铅笔，心想："如果我买了铅笔，我就可以完成山羊老师布置的任务，可以把漂亮的妈妈展示给其他小朋友，妈妈一定会很开心的。棒棒糖，嗯！嗯！……棒棒糖可以下次再买……"

小猴子攥着手中的铅笔，把棒棒糖放回了货架，"铅笔是画画'需要的'，如果没有铅笔，就不能画画了，棒棒糖虽然是我心里非常'想要的'，但是我应该先买'需要的'，下次……下次我再攒五角钱，再买我'想要的'棒棒糖。"

第二天，小动物带着自己画的漂亮妈妈，和妈妈一起参加了森林幼儿园的"夸妈妈大赛"，小猴子画的妈妈获得了第一名。

山羊老师夸奖了小猴子，小猴子妈妈非常高兴。

小猴子看着妈妈这么高兴，心里想："买自己'需要的'铅笔是非常正确的。"

孩子能够复述故事后，和孩子讨论下列问题：

山羊老师给小动物们布置了什么任务？

小猴子回家后发生了什么事情？

小猴子是怎么做的？

如果小猴子买了棒棒糖会发生什么？

铅笔和棒棒糖哪个是小猴子"需要的"？哪个是小猴子"想要的"？

教孩子认读字卡"需要""想要"，然后让孩子将铅笔和棒棒糖正确地放到对应的字卡上面。

将"需要""想要"两张字卡贴在孩子的房间或客厅里，无论孩子想做什么事，还是想要买什么东西，涉及到需要分清"需要"与"想要"时，让孩子读一下字卡，及时提醒孩子"想做的事情""想买的东西"是"需要的"，还是"想要的。"

在与孩子谈论"需要"与"想要"时，要把"需要"放在前面，"想要"放在后面，这样时间久了，在孩子的意识中，"需要"就会战胜"想要"，语言是有无形的力量的。

在与孩子谈论"需要"与"想要"时，要注意前提条件，"需要"与"想要"没有绝对的界线，比如，你平时不让孩子吃小零食，但如果带孩子去游乐场或出去旅游，小零食也是需要的。

在与孩子谈论"需要"与"想要"时，不要扼杀孩子所有的"想要"。把"想要"与延迟满足训练联系起来，有些"想要"可以通过付出、等待来实现。

"需要与想要"背后是欲望的问题，很少有人能够控制好自己的欲望。"需要的"不多，"想要的"很多。要让孩子知道，"想要"的实现一定建立在解决好"需要"的基础上，在你"想要"的时候，一定先解决"需要"的问题，只有解决了"需要"的问题，才能满足"想要"的问题。

"想要"是快乐的来源，是工作、事业动力的来源，也是社会发展动力的来源，但我们要处理好"想要"的问题，不要被"想要"绑架、左右而失去生活的幸福感、事业的乐趣和人生的价值，也不能因为无法满足"想要"而"躺平"，失去对生活、幸福、价值的追求。物无美恶，过者为灾，适可而止。

让孩子记住四句话：先满足需要的，再满足想要的；想要的不重要，需要的才重要；把想要变动力，把需要变行动；需要的不多，想要的很多。

买需要的，少买想要的

通过前面的两个主题，孩子对"钱是有限的""需要与想要"已经有了初步认知，那么，接下来要让孩子在生活实践中不断去体验、感受和自我探索，这样才能建立起概念和养成习惯。

花钱是孩子认识金钱非常重要的环节，通过花钱孩子能够感知金钱的用途、功能，体验金钱带来的快乐感和满足感，体会自己的欲望与金钱的关系，学习掌握使用金钱的技巧和控制金钱的方法。

我在讲家长课程的时候，经常有家长对我说："我家孩子很听话，从来都不花钱。"每次听到家长这样说我都会反问一句："你认为孩子不花钱是好事，还是坏事？"当我这样问时，家长才意识到孩子不花钱并不一定是好事。钱是一种工具，本质上和其他工具没有什么区别。一个人要想熟练掌握一种工具，一定是在不断使用中了解它的功能，掌握它的使用方法和技能，然后才能创造出想要的价值。如果孩子小时候没有花钱的经历和体验，他如何认识金钱？长大后如何驾驭金钱呢？孩子小时候不花钱，长大后乱花钱的几率会更高，因为他不会花钱。我经常做这样的比喻，孩子小时候学会了骑自行车，无论什么时候你给他一辆自行车他都能自由地骑行。你从小让孩子学数学，学钢琴，学画画，学舞蹈，上各种特长班，都是在学习使用一种工具，掌握一项技能，那么，为什么不让孩子学习并掌握一生都要使用的工具——金钱呢？

首先，让孩子花"自己的钱"——零花钱储蓄罐里的钱。孩子平时要买的小零食、小玩具、简单的学习用品让孩子自己用零花钱购买。

五六岁的孩子已经有了很强的自我意识和独立意识，很想掌控自己的生活，甚至是领导别人，比如，"过家家"中的小头领。这时，你需要做的不是左右、控制孩子使用零花钱，而是大胆给孩子独立花钱的机会，然后观察孩子花钱过程中存在的错误想法和不良行为，给以指导和引导。通过犯错来改错，而不是不让孩子犯错，成功是结果，犯错是过程。你不要以为五六岁的孩子还小，不放心他独立花钱，这个年龄是训练孩子掌握金钱的好时期，这个时期训练好了，等孩子上学后，离开你的视线你可以不用担心他乱花钱，你越是限制他，他越会乱花。你应该注意的是不要给孩子太多零花钱，让他有拮据感，感知钱总是有限的，这样他会掰着手指头算钱怎么花更划算。

其次，立一条规则——花钱之前必须告知父母，否则，下周不给或减少零花钱。

再次，要让孩子在购物之前说明哪些是"需要的"，哪些是"想要的"，但不要过于较真，尽量避免与孩子发生争执，孩子有这个意识就可以了，让他慢慢养成良好的习惯。

最后，不要天天花钱，不要一次花光储蓄罐里的钱，不要一次买很多东西。让孩子记住，买需要的，尽量少买想要的。

"需要的"保障我们能够很好地生活、学习，而不浪费；"想要的"满足我们心里的欲望和心理需求，往往是多余和浪费的。

闲物不闲值

孩子到了五六岁，已经积累了许多玩具、绘本、学习用品、衣服鞋帽，有些物品已经不再使用，这些闲置物品弃之可惜，留之无用又占空间，整理起来还浪费时间。你可以利用周六日休息时间，和孩子一起做一次大清理，这是一次很好的亲子时光。按下面的样表制作打印一个表格，陪孩子进行分类整理、记录。这样既能锻炼孩子的条理性、动手能力，也能锻炼孩子的思维能力。

种类	能继续使用的	不能继续使用的	购买时的价格	如何处理
玩具				
图书绘本				
学习用品				
服装鞋帽				

在清理的过程中，与孩子一起探讨哪些物品可以继续使用，为什么？哪些物品不能继续使用，为什么？哪些物品需要保留珍藏，为什么？

把这些物品购买时的价格大概（有些价格已经忘掉了）记录下来，算一算一共花了多少钱。如果孩子对花出去的钱数额没有概念，你可以用他一周的零花钱或爸爸妈妈一个月的收入做一个对比，让孩子感知他从小到现在花了多少钱，结果会让孩子震惊，也可能会让你震惊。同时，一边整理一边让孩子想一想，当时购买的时候，是需要的？还是想要的？以后再花钱的时候如何分清"需要"与"想要"。

探讨一下，那些不能继续使用的物品如何处理？卖掉、送人、捐赠，与其他小朋友进行交换或其他方式。让孩子懂得这些对于自己没有用的东西，对有些人是很有用，很有价值的，让这些已经失去使用价值的物品继续发挥它们的价值。

我在课程研发的时候，带领一些家长和孩子做过这样的清理，结果大家都很震惊，原来有百分之六七十的东西是可以不买的，有很多钱是可以省下来进行投资或做更有价值的事情的。

如果你家里的东西太多，可以按玩具、图书绘本、学习用品、服装鞋帽等分类清理，一周清理一类。让每一次清理都变成美好的亲子时光，和孩子一起来一次"断舍离"，让家里更清洁，让心情更清爽吧！

最后，挑选一些物品，标上价格，在下一个周末和孩子一起尝试把它们卖掉。

以物易物

感知"值"的概念，培养价值认知和价值判断能力。

五六岁的孩子对问题的好奇由原来的"是什么"发展到了"为什么"，喜欢了解问题背后的原因，比如喜欢拆拆卸卸，想了解物体运动的规律。初步理解事物内在的因果关系，开始有理性思维和初步的价值判断能力，能够分清自己行为的对或错、好或坏，已经能够控制自己的情绪。能理解较复杂的句子，能进行各种类型的创造性讲述，口头语言交际已没有问题。这个年龄的心理发展和认知发展非常适合培养孩子初步的价值认知和价值判断能力。

"价值"本身是一个比较主观的概念，它跟一个人接触的环境、经历、阅历和格局以及思维方式有很大关系。对于幼儿阶段的孩子来说，"价值"更是一种情绪概念，孩子会在感受情绪的过程中建立价值概念。我们可以通过"以物易物"活动初步建立孩子的价值概念，引导孩子学习简单的价值判断方法。

在"闲物不闲值"主题中整理出来的用来交换的物品，让孩子和其他小朋友进行交换。最好能够组织一些朋友家或小区里的孩子（年龄跨度最好大一点儿 4~9 岁）进行"以物易物"活动，在交换之前，让孩子练习对自己要交换的东西进行描述，训练孩子的语言表达能力、沟通能力、概括能力、演讲能力。比如玩具，描述玩具的外观、价格、玩法，玩玩具时的快乐等；绘本，讲述故事内容，读完绘本自己明白的道理。在交易的过程中，家长不要干预孩子们之间的交换。

交换结束后，和孩子探讨"为什么用你的××换谁的××？"。在讨论过程中，让孩子充分表达他的想法和感受，并适当给予鼓励和认同，不要以对错、好坏、划不划算进行评判。待孩子表达完他的想法和感受后再发表你的想法："如果是我，我会和××小朋友换××东西。"并说明你的理由，这时你可以用"划不划算"来解释你的理由，比如，换回来的东西的使用价值、使用时长、购买时的价格等，然后，让孩子对你的交换进行评判。待孩子对你的评判结束后，告诉孩子一个重要的道理："价值是由双方共同认同产生的，完成交换之后产生的。交换成功才能产生价值，如果交换不能成功，双方都没有产生价值。"

成人和孩子的视角是不同的，所以，孩子没有对错，只要他觉得"值"，有"值"的理由就可以。让孩子明白"不要因为一时高兴、一时喜欢就去做"，这就达到目的了，孩子会自己反思的。如果孩子听了你的想法反悔，你要告诉孩子即使感觉不划算也没必要反悔，即使反悔也不能再去找人家换回来，要守信用，自己做的事情要自己承担，以后做事情要想好了再做。

这样的活动最好能够长期进行，每隔一段时间进行一次，在不断的交换过程中训练孩子的价值认知能力，锻炼孩子的价值判断力。

钱的主人

明确"物权"概念。

孩子到了 3 岁左右，随着自我意识的觉醒，开始有了物权意识，认为身边的东西都是"我的"。当你想要他手里的东西时，他会坚决说"不"；你拿他身边的东西，拿哪个他就抢哪个；你让他把手里的玩具、好吃的分享给其他小朋友，他会抱得紧紧的。这都是物权意识的表现。

孩子到了五六岁，已经有了理性思维，能够控制自己的情绪，这时要让孩子明确"物权"的概念，知道哪些东西是属于自己的，哪些东西是不属于自己的。对于属于自己的东西自己拥有所有权，他人不得侵犯，自己有权处理自己的东西，比如，分享、赠送、珍藏，甚至是扔掉。你要尊重孩子的权利，不要强迫孩子采取他不情愿的方式处理自己的物品。同时，对于不属于自己的东西不得不经过别人的允许而占为己有，如果孩子有这种行为，你要及时制止并讲明道理。

一般在家里物权概念并不清晰，但孩子上学后物权概念很重要。有些孩子因为缺乏物权意识而忽略规则，往往会因为喜欢就将别人的东西占为己有。比如，偷偷拿别人的东西、偷钱等，这会严重影响孩子的人际关系、师生关系，影响孩子的学习，甚至有的孩子因此而不想上学。在我接触的案例中，有的孩子因为偷钱，爸爸妈妈不得不频繁给孩子更换学校。

在孩子的意识中，我的钱是爸爸妈妈的钱，爸爸妈妈的钱也是我的钱，孩子对"物"的归属很清楚，但对"钱"的归属往往很模糊，这一点需要我们注意。要让孩子知道"钱"和"物"一样都是有归属的，都是有主人的。在咨询孩子"偷钱"的案例中，我发现，从家里偷钱的孩子多数并不认为自己是"偷"而是"拿"。他们认为拿家里的钱是理所应当的，怎么会是"偷"呢？即使他们认为这是一种不好的行为，但也不认为自己犯了很大的错误。那么，作为父母也不要给孩子贴上"偷"的标签，更不要用成人的"道德"绑架孩子，这样很容易伤害孩子的自尊。这种情况多是孩子小时候随便拿家里的钱造成的。

那么，我们就从孩子的零花钱入手，让孩子明确"钱的主人"。

第一，明确哪些钱属于孩子自己的。

爸爸妈妈给的零花钱（三个储蓄罐里的钱）；做家务获得的报酬；出售自己的玩具、绘本获得的收入；经爸爸妈妈同意且知晓数额的爷爷奶奶、外公外婆给的零花钱等。告诉孩子这些钱是属于他自己的钱，他有权在爸爸妈妈知晓的前提下分配和使用。除此之外，其他任何人的钱，任何情况下得到的钱（压岁钱除外）都不属于他，即使得到了也要归还给"钱的主人"。

第二，家长要做好榜样，管理好自己的钱。

家里的成人不能随手把零钱丢在茶几、餐桌、床头等处；不能随手将兜里的零钱给孩子；不能让孩子帮你购物后将剩下的零钱给孩子或让孩子随便花；不能让孩子随便将家里的零钱占为己有。如果你把零钱随处放，数额又记不清楚，孩子偶尔拿了你也不知道，时间一长，孩子就会养成偷偷拿钱的习惯，习惯一旦养成就很难改。现在多数家庭几乎没有现金，都用手机支付，那么，你不能让孩子在没有你的允许和监督下用你的手机随便支付。

在我咨询的案例中有一个孩子（小学二年级）这样对他的妈妈说："我原来拿钱花的时候你们谁都没有说我偷，为什么现在非得要说我'偷钱'呢？"孩子小时候多数时间是跟着爷爷奶奶生活，爷爷奶奶有一个习惯，平时零用钱放在茶几的一个小盒子里，用的时候随手拿了就用，孩子花钱的时候，爷爷奶奶也让他从小盒子里拿，这样，孩子从小就养成了这种习惯。上学后和爸爸妈妈一起生活，习惯性地拿家里的钱花，爸爸妈妈发现后不知原委将孩子的行为定义"偷钱"，孩子非常委屈，而且并没有意识到自己犯了错。在我的帮助下，爸爸妈妈和孩子签订了零花钱合同，制订了零花钱计划，慢慢改掉了这个习惯。

第三，让孩子花自己的钱。

孩子日常的小消费，比如，小零食、小玩具、简单的学习用品，让孩子花自己的零花钱购买，让他有"主人翁"的感觉和意识。一些大件商品，比如，较贵的玩具、衣服鞋帽等，由爸爸妈妈购买，告诉孩子买这些东西的钱是爸爸妈妈的。

第四，告诉孩子真实的家庭财务状况，告诉孩子你的钱是怎么来的。

我在讲家长课的时候经常问这个问题，我说："你们有谁把你的家庭财务状况告诉过孩子？"寥寥无几。每次我都会让"把家庭财政状况告诉给孩子"的家长分享，凡是这样做的家长都说：第一，孩子不乱花钱；第二，孩子不攀比；第三，孩子知道感恩。有的孩子自己赚零花钱。

当孩子知道自己家庭的财务状况，知道爸爸妈妈赚钱辛苦，他对钱会有更深刻的认知。作为父母都想让孩子拥有衣食无忧的生活，即使不富裕，也不想让孩子知道父母的辛苦。这是错误的，一不小心就会培养出"穷富二代"。富裕的家庭不要让孩子觉得爸爸妈妈很有钱，将来都是他的，即使不好好学习，将来也无后顾之忧，这样会培养出"败家二代"。无论你是富裕还是不富裕，都要让孩子有赚钱的欲望，有成功的追求。这不就是你教育孩子的目的吗？

洛克菲勒是世界上第一个亿万富翁，但他时时刻刻都给他的孩子们灌输勤俭的价值观。他的几个孩子在长大成人之前，从没去过父亲的办公室和炼油厂。孩子们靠做家务来挣零花钱，打苍蝇2分钱，削铅笔1角钱，练琴每小时5分钱，修复一个花瓶1元钱，一天不吃糖奖励2分钱，第二天还不吃奖励1角钱，每拔出菜地里10根杂草可以挣到1分钱，唯一的男孩小约翰劈柴的报酬是每小时1角5分钱，保持院里小路干净每天是1角钱。为了让孩子们学会相互谦让，他只买一辆自行车给4个孩子。小约翰8岁以前穿的全是裙子，因为他在家里最小，前面3个都是姐姐。洛克菲勒虽然如此节俭，但却是美国历史上最大的慈善家。洛克菲勒家族的财富传承了150多年，和他们对孩子的金钱教育是分不开的。

第五，压岁钱归谁所有。

大多数爸爸妈妈都会对孩子说："压岁钱爸爸妈妈替你管着。"管着管着就没了。关于压岁钱应该归谁所有有很多讨论，有的甚至拿出法律条款来界定。我建议将压岁钱分成两部分，你可以按一定比例分配压岁钱，一部分归孩子所有，一部分归家长所有。因为，压岁钱本身是给孩子的，但是，压岁钱是由于父母与他人的关系别人才给的，另外，父母还要回礼。把原因向孩子说清楚，孩子应该有知情权和所有权。压岁钱相较零花钱数额较大，你可以开一张卡作为孩子的压岁钱账户，将钱存起来，以备将来给孩子用，比如学费、教育基金。

第六，给零花钱要有仪式感。

我前面说过给零花钱要有仪式感，要让孩子产生对金钱的敬畏感和拥有感。

1元＝100元？

1元与100元的兑换，培养数学思维、计算能力；

随着大脑发育的日趋完善，五六岁幼儿的数理逻辑思维、计算能力发展迅速，开始出现抽象的数字运算。能理解10以内数的分解、组成和守恒，并进行加减运算；能准确分类，理解基数和序数；具有按群计数的能力，比如两个两个数，五个五个数；理解三个数的相邻关系和 10 以内数的等差关系；数数能够数到 100 以上；能够学会 20 以内的加减运算，个别能达到 100 以内的加减运算；开始接触简单的加减应用题。但这些必须建立在具体形象的基础上，与生活中的实际物体发生联系的基础上，这个阶段是具象思维向抽象思维过渡的关键时期。在接下来的"1 元＝100 元？""10 元以内加减""1~99 数字与货币的对应""20 元以内加减"主要是训练孩子的数理逻辑思维和运算能力。

前面你已经对孩子进行了 1 角、5 角、1 元和 1 元、5 元、10 元之间的兑换训练。如果你读到这本书的时候，孩子正好是五六岁的年龄，如果前面的训练孩子没有接触过，那么，你可以带孩子练习一下前面的内容，对于五六岁的孩子，1 角、5 角、1 元和 1 元、5 元、10 元之间的兑换很容易理解。

准备 1 元、5 元、10 元、20 元、50 元、100 元纸币若干。

模仿 Part2(4~5 岁)"认识纸币"主题，认识 20 元、50 元、100 元纸币。

下面我们开始 1 元、5 元、10 元、20 元、50 元、100 元之间的兑换训练。我前面说过购物游戏和货币兑换最好是经常练习，不间断。如果孩子已经间断一段时间了，那么，你先给孩子复习一下 1 角、5 角、1 元和 1 元、5 元、10 元之间的兑换。

20 元与 1 元、5 元、10 元之间的兑换：

让孩子数出 20 张 1 元纸币。

点数后，问："一共是多少元？"

答："一共是 20 元。"

拿出 1 张 20 元。

"1 张 20 元也是 20 元。"

"1 张 20 元与 20 张 1 元一样多，都是 20 元，那么，1 张 20 元可不可以换 20 张 1 元？"

"可以。"

让孩子收起 20 张 1 元，替换成 1 张 20 元。

问："1 张 20 元是多少元？"

答："20 元。"

"请你用 1 元数出 20 元。摆在 20 元下面。"

边问边用手指画："20 张 1 元可不可以换 1 张 20 元？"

答："可以。"

收起 20 元纸币。

问："将 20 张 1 元用 5 元兑换，应该怎么换？"

换第一张 5 元：

问："数一数一共多少元？"

点数，从 5 元数起："5 元、6 元、7 元 …… 20 元。"

问："有几张 5 元，几张 1 元？"

答："1 张 5 元，15 张 1 元。"

"1 张 5 元和 15 张 1 元加起来也是 20 元。"

问："1 张 5 元和 15 张 1 元可不可以换 1 张 20 元？"

答："可以。"

换第二张 5 元：

问："数一数一共多少元？"

点数，从 5 元数起："5 元、10 元、11 元、12 元……20 元。"

问："有几张 5 元，几张 1 元？"

答："2 张 5 元，10 张 1 元。"

"2 张 5 元和 10 张 1 元加起来也是 20 元。"

问："2 张 5 元和 10 张 1 元可不可以换 1 张 20 元？"

答："可以。"

换第三张 5 元：

问："数一数一共多少元？"

点数，从 5 元数起："5 元、10 元、15 元、16 元……20 元。"

问："有几张 5 元，几张 1 元？"

答："3 张 5 元，5 张 1 元。"

"3 张 5 元和 5 张 1 元加起来也是 20 元。"

问："3 张 5 元和 5 张 1 元可不可以换 1 张 20 元？"

答："可以。"

换第四张 5 元：

问："数一数一共多少元？"

点数，从 5 元数起："5 元、10 元、15 元、20 元。"

问："有几张 5 元？"

答："4 张 5 元。"

"4 张 5 元加起来也是 20 元。"

问："4 张 5 元可不可以换 1 张 20 元？"

答："可以。"

问："将 5 元换成 10 元，怎么换？"

换第一张 10 元。

问："数一数一共多少元？"

点数，从 10 元数起："10 元、15 元、20 元。"

问："有几张 10 元，几张 5 元？"

答："1 张 10 元，2 张 5 元。"

"1 张 10 元 2 张 5 元加起来也是 20 元。"

问："1 张 10 元 2 张 5 元可不可以换 1 张 20 元？"

答："可以。"

换第二张 10 元。

问："数一数一共多少元？"

点数，从 10 元数起："10 元、20 元。"

问："有几张 10 元？"

答："2 张 10 元。"

"2 张 10 元加起来也是 20 元。"

问："2 张 10 元可不可以换 1 张 20 元？"

答："可以。"

总结：

问："请你用 1 元、5 元、10 元、20 元不同面值的纸币摆出 20 元。"

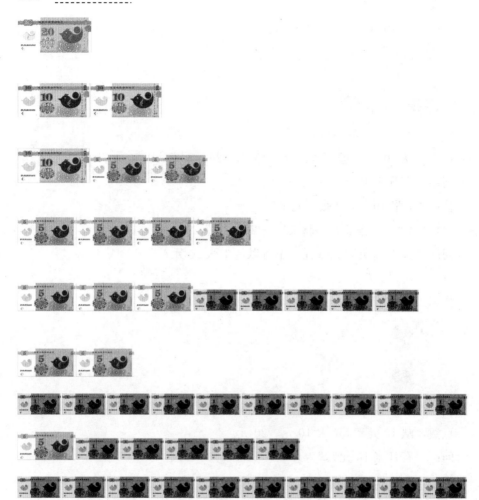

模仿"20元与1元、5元、10元之间的兑换",进行"50元与1元、5元、10元、20元之间的兑换""100元与1元、5元、10元、20元、50元之间的兑换"。

根据孩子的接受程度分阶段进行,不要急于求成。

利用教具"兑换天平"练习任意币值之间的兑换,"兑换天平"使用方法

见附录1：儿童财商训练教具使用方法。

所有的人民币都认识了，让孩子背诵下面的小儿歌。

小硬币圆又圆，1角、5角和1元。

小纸币方又方，1元、5元和10元

大纸币方又方，20、50、100元。

我们都是好伙伴，爸爸妈妈把钱赚。

妈妈手里有多少钱？

5元、10元的分解与组成；10元以内加减；训练数理逻辑思维和运算能力。

准备1元、5元、10元人民币若干；1~10数字卡、"＋""－"字卡若干。

5元的分解与组成：

如果你的孩子对5的分解与组成、5以内的加减已经很熟练，简单练习一下就可以。

拿出1张5元，让孩子将5元兑换成1元。

↓

将5张1元分成1张和4张两组。

让孩子点数，问："一共是几元？"

答："5元。"

"5元可以分成1元和4元。"

然后，将两组合成一组，

"1元和4元合（加）起来是5元。"

重复几遍，待孩子理解后，让孩子自己动手边操作，并用语言表达操作过程。

待孩子熟练后，继续将5张1元分成"2张、3张""3张、2张""4张、1张"进行练习。你可以将1元纸币换成1元硬币，再用1元纸币和1元硬币混合进行练习，增加孩子的兴趣和熟练程度。

当孩子熟练掌握用1元进行5元的分解与组成后，脱离实物（1元纸币、硬币）用数字表达5的分解与组成，从表象思维向抽象思维过渡。

摆出5张1元纸币，问："一共是几元？"

答："5元。"

在5张1元上面摆上一张数字卡 5 。

5

将5张1元分成"1张、4张"两组。

5

1   4

在1张1元下面摆上数字卡 1 ，在4张1元下面摆上数字卡 4 。

一边摆一边说："5元可以分成1元和4元，1元和4元合起来是5元。"

拿掉所有1元纸币，变成数字卡：

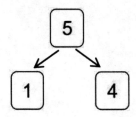

"5可以分成1和4，1和4合起来是5。"

让孩子独立将上面的过程操作一遍，一边操作一边说出操作过程。

然后，按上面流程依次进行数字 5 的分解与组成：

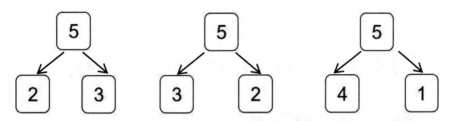

　　利用教具"10 以内分解与组成&数与量的对应"练习 5 元的分解与组成，"10 以内分解与组成&数与量的对应"使用方法见附录——儿童财商训练教具使用方法。

5 元以内加减练习：

手里拿 1 张 1 元。

问："现在妈妈手里有多少钱？"

答："1 元。"

请你再给妈妈 1 元。

问："妈妈手里有 1 元，宝宝又给了妈妈 1 元，妈妈手里一共有几元？"

让孩子点数回答，"2 元"。

"1 元加 1 元等于 2 元。"

让孩子依次给你 2 元、3 元、4 元进行练习。

你手里拿 2 元，让孩子依次给你 1 元、2 元、3 元；手里拿 3 元，让孩子依次给你 1 元、2 元；手里拿 4 元，让孩子给你 1 元，练习 5 以内的加法。

待孩子熟练后，用数字取代货币，向抽象思维过渡。

举例："妈妈手里有 2 元，宝宝又给妈妈 2 元，妈妈手里有几元？"

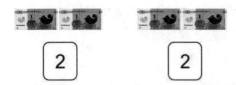

摆上对应的数字卡 2

"妈妈手里有 2 元,宝宝又给妈妈 2 元,妈妈手里一共有 4 元。"

"2 元加 2 元等于 4 元。"摆上数字卡 4

拿掉 1 元纸币,变成数字算式 2 + 2 = 4 (2+2=4)"2 加 2 等于 4"。

手里拿 5 张 1 元。

问:"妈妈手里一共有多少钱?"
让孩子点数:"一共有 5 元。"
问:"如果现在妈妈花掉 1 元(拿掉 1 元),妈妈手里还剩几元?"

让孩子点数"还剩 4 元。"
"5 元减去 1 元还剩(等于)4 元。"
依次"花掉"2 元、3 元、4 元,练习 5 以内的减法。
待孩子熟练后,用数字取代货币,向抽象思维过渡。

10 元的分解与组成:
拿出 1 张 10 元,让孩子将 10 元兑换成 1 元。

↓

将 10 张 1 元分成 1 张和 9 张两组。

让孩子点数，问："一共是几元？"

答："10 元。"

"10 元可以分成 1 元和 9 元。"

然后，将两组合成一组。

"1 元和 9 元合（加）起来是 10 元。"

待孩子理解后，让孩子自己动手边操作边用语言表达操作过程。

然后将 10 张 1 元依次分成"2 张、8 张""3 张、7 张""4 张、6 张""5 张、5 张""6 张、4 张""7 张、3 张""8 张、2 张""9 张、1 张"练习 10 元的分解与组成。

待孩子熟练掌握后，用数字替换货币，训练抽象思维能力。

举例：

摆好 10 张 1 元。

问："一共有多少钱？"

点数并回答："一共有 10 元。"让孩子放上数字卡 10。

10

分成两组：3 元和 7 元。

问："数一数，每组是多少钱？"

点数并回答："3 元、7 元"，边说边放上对应的数字卡。

"10元可以分成3元和7元，3元和7元合（加）起来是10元。"

拿掉1元纸币，变成数字。

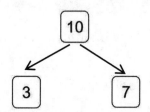

"10可以分成3和7，3和7合（加）起来是10。"

利用教具"10以内分解与组成&数与量的对应"练习10元的分解与组成，"10以内分解与组成&数与量的对应"使用方法见附录——儿童财商训练教具使用方法。

10元以内的加减：

10元以内的加

手里拿3张1元。

问："现在妈妈手里有多少钱？"

答："3元。"

"请你再给妈妈2元。"

问："妈妈手里有3元，宝宝又给了妈妈2元，妈妈手里一共有几元？"

让孩子点数回答，"5元"。

"3元加2元等于5元。"

让孩子依次给你3元、4元、5元、6元、7元进行练习。

手里任意拿1元~9元，让孩子给你相应数量的1元纸币，练习10以内的加法。

待孩子熟练掌握后，用数字替换货币，训练抽象思维能力。

举例：

摆好 3 张 1 元。

问："妈妈这里一共有几元？"

答："3 元。"让孩子放上对应的数字卡。

"请宝宝给妈妈 5 元。"并放上对应的数字卡。

问："妈妈手里有 3 元，宝宝又给了妈妈 5 元，现在妈妈手里一共有几元？"

点数并回答："一共有 8 元。"放上对应的数字卡。

"妈妈手里有 3 元，宝宝又给妈妈 5 元，妈妈手里一共有 8 元。"

"3 元加 5 元等于 8 元。"

拿掉 1 元纸币，变成数字算式 $\boxed{3}\boxed{+}\boxed{5}\boxed{=}\boxed{8}$（3＋5＝8）"3 加 5 等于 8"。

利用教具"20 以内进位加法板＋购物游戏"练习 10 元以内的加法，"20 以内进位加法板"使用方法见附录——儿童财商训练教具使用方法。

10 元以内的减

手里拿 10 张 1 元。

问："妈妈手里一共有几元？"

让孩子点数："一共有 10 元。"

问："如果现在妈妈花掉 1 元（拿掉 1 元），妈妈手里还剩几元？"

让孩子点数："还剩 9 元。"

"10 元减去 1 元还剩（等于）9 元。"

依次"花掉"2 元、3 元、4 元、5 元、6 元、7 元、8 元、9 元，练习 10 以内的减法。

手里任意拿 2 元~10 元，"花掉"相应的数量，比如，手里拿 7 元，"花掉"5 元还剩几元？练习 10 以内的减法。

待孩子熟练掌握后，用数字替换货币，训练抽象思维能力。

举例：

摆好 10 张 1 元纸币。

10

问："妈妈手里一共有多少钱？"

让孩子点数："一共有 10 元。"并放上对应的数字卡。

问："如果现在妈妈花掉 4 元（分出 4 元），妈妈手里还剩几元？"

6　　　　　4

让孩子摆上对应的数字卡。

点数并回答："还剩 6 元。"

"10 元减去 4 元还剩（等于）6 元。"

拿掉 1 元纸币，变成数字算式 10 − 4 = 6（10-4＝6）"10 减 4 等于 6"。

利用教具"20 以内退位减法板＋购物游戏"练习 10 元以内的减，"20 以内退位减法板"使用方法见附录——儿童财商训练教具使用方法。

我和妈妈坐沙发

培养数理逻辑思维和运算能力，为 20 以内加减法打基础。

20 以内加减法对于很多孩子来说是数学学习的一个坎儿，但是，如果方法正确，加之以耐心和时间，孩子终究会突破。最可怕的是"急"，很多家长想通过让孩子背口诀，大量刷题来解决问题，这种解决问题的方式本身就是问题，因为，它违背了孩子的认知发展。如果你在孩子 5~6 岁的年龄时用这种方法训练孩子 20 以内的加减法，那么，你就破坏了孩子数理逻辑思维的构建。短期内看似效果明显，长期内孩子将失去正确的思维方式和方法。知识本身不能解决问题，是运用知识的思维方式方法解决问题，一二年级时成绩很好，三年级以后跟不上。孩子的数学学习是从表象思维开始，在具体实物、具体问题与数字符号和解决问题的对应过程中慢慢向抽象思维过渡，不能直接用抽象的数字符号教孩子数学。有的孩子小学一、二年级做算术题还要掰手指头，这并不是孩子笨，而是还没有从表象思维过渡到抽象思维。9 岁之前，孩子的认知模式是以表象思维为主，到了初中以后才有完善的抽象思维能力。所以，你千万不要急，孩子的成长过程是用时间换空间的过程，赢在起跑线上不一定赢在终点线上。

下面我们就用钱和有关钱的问题来训练孩子 20 以内的加减法。

认识数位

制作 1~99 数字卡。

首先让孩子理解**"位"的概念**。用沙发来比喻，你和孩子坐在沙发上。

问："你和妈妈是不是都坐在了沙发上？"

答："是的。"

问："那么，你和妈妈是坐在同一个位置上了吗？"

答："不是。"

"我们都坐在了沙发上，但是，宝宝和妈妈坐在了不同的位置上。一个位置上坐的是××（孩子的名字），叫作××位，一个位置上坐的是妈妈，叫作妈妈位。"

让孩子一边用手指点一边重复上面这句话。

拿出数字卡 11，放在茶几上。

11

问："你看这两个'1'是不是像宝宝和妈妈一样坐在了一起？"

答："是的。"

问："两个'1'是不是像宝宝和妈妈一样坐在了不同的位置上？"

答："是的。"

"那么，两个'1'也像宝宝和妈妈一样坐在了不同的位置上。这个'1'的位置（手指个位上的1）叫作个位，这个'1'的位置（手指十位上的1）叫作十位。"

让孩子一边指一边说："这个位置叫作个位，这个位置叫作十位。"让孩子熟记两个数位的名称。

出示一些两位数数字卡，让孩子指出哪个是个位，哪个是十位，比如，

15　23　47　82　91

出示"个位"和"十位"字卡，**认读字卡**。

十位　个位

注意这两个字卡的位置要以上述的形式摆放，不能颠倒，认读时先读"个位"，再读"十位"。

认读两位数

拿出数字卡，在"个位""十位"字卡下面依次摆放数字卡，认读1~99数字。

先读数位，再读数字，比如，

"个位是九，九。"十位没有数字，不读。

先读数位，再读数字，比如，

"个位是五，十位是二，二十五。"

从 1~99 反复练习，熟练后，让孩子自己随意摆放数字卡练习认读。

待孩子熟记数位后，认读整体数字卡，不再读数位。先按下列方式摆放 1~99 数字卡进行点读，这样摆放有利于孩子发现规律，培养数感。

熟练后，随意拿出一张数字卡让孩子认读。

利用教具"数位与财务数字认读板"练习两位数的认读，"数位与财务数字认读板"使用方法见附录——儿童财商训练教具使用方法。

1~99 数字与货币的对应

1 个 10 里面有几个 1？

让孩子数出 10 枚 1 元硬币。

问："一共是多少钱？"

答："一共是 10 元钱。"

问："10 枚 1 元硬币是 10 元，可以换成几张 10 元纸币？"

答："1 张。"让孩子在 10 枚 1 元硬币上方放上 1 张 10 元纸币。

一边指画一边说："1 张 10 元是 10 元，10 枚 1 元也是 10 元。""1 个 10 里面有 10 个 1。"

再拿出 1 张 10 元。

问："一共有多少钱？"

答："20 元。"

问："20 元是多少个 1 元？"让孩子动手摆放：

点数 1 元硬币"20 元是 20 个 1 元。"

问："2 张 10 元可以换成几张 20 元？"

答："1 张。"让孩子将 2 张 10 元换成 1 张 20 元。

问："1 张 20 元是多少个 1 元？"

答："1 张 20 元是 20 个 1 元。"

一边指画一边说："10 里面有 10 个 1，20 里面有 20 个 1。"
按上述流程，依次增加 10 元纸币的数量到 9 张。

将货币换成数字卡，向抽象思维过渡。

拿出整十数字卡 10 ······ 90 ，问每个整十里面有多少个"1"，比如，

问："40 里面有多少个'1'？"
答："40 里面有 40 个 1。"

1 个 10 里面有几个 10?

出示整十数字卡，让孩子摆上对应的 10 元纸币。

问："1 个 10 里面有几个 10？"
答："1 个 10 里面有 1 个 10。"

20 ｜
问："20 里面有几个 10？"
答："20 里面有 2 个 10。"

.
.
.

90

11 里面有几个 10 几个 1?

出示数字卡 11 ，让孩子摆上对应的 1 元硬币。

问："11 里面有几个 1？"

答："11 里面有 11 个 1"。让孩子用 10 元纸币兑换成，

问："11 里面有几个 10？"

答："11 里面有 1 个 10。"

任意出示一张两位数数字卡，例如：

23

先认读数字卡 "23"。让孩子摆上对应的 1 元硬币。

问："23 里面有几个 1？"

答："23 里面有 23 个 1。"让孩子用 10 元纸币兑换成，

问："23 里面有几个 10？"

答："23 里面有 2 个 10。"

"23 里面有 2 个 10，有 23 个 1。"

继续出示两位数数字卡，直到孩子理解、熟练。

出示数位字卡，在数位字卡下面摆放任意数字，例如：

问："个位是几？"

答："个位是 5。"

问："十位是几？"

答："十位是 3。"

问："读出这个数？"

答："三十五。"

问："35 里面有几个 1？"

答："35 里面有 35 个 1。"

问："35 里面有几个 10？"

答："35 里面有 3 个 10。"

"十位上的数是几就用几个 10 来表示，个位上的数是几就用几个 1 来表示。"

问："请你摆上表示 35 元的货币。"

更换数字卡，继续练习。

任意出示一张两位数数字卡或任意说出一个两位数，让孩子摆出对应的货币。

"1~99 数字与货币的对应"这个过程很繁琐，很耗时，但非常关键，是逐渐从具象思维向抽象思维过渡的过程，要有耐心，不要着急，根据孩子的理解能力分阶段进行。

一共多少钱？

20以内加法运算，训练数理逻辑思维和运算能力。

先不要用凑十法、破十法和抽象数字教孩子20以内进退位的加减运算，先用实物让孩子理解进退位的原理之后，再教孩子凑十法和破十法会事半功倍。这样做看似走弯路，耽误时间，实则是"磨刀不误砍柴工"。

20以内不进位加法

拿出1张10元，"妈妈手里有10元，宝宝再给妈妈1元，一共是多少元？"

让孩子点数"10元、11元"。

"妈妈手里有10元，宝宝再给妈妈1元，一共是11元。"

让孩子摆上对应的数字卡，然后，你摆上"＋"和"＝"，一边摆一边说"10＋1＝11"。

依次让孩子给你2~9元，练习整数10加1~9不进位加法。

拿出1张10元、1枚1元，"妈妈手里有11元，宝宝再给妈妈1元，一共是多少元？"

让孩子点数"10元、11元、12元"。

"妈妈手里有11元，宝宝再给妈妈1元，一共是12元。"

让孩子摆上对应的数字卡，然后，你摆上"＋"和"＝"，一边摆一边说"11＋1＝12"。

手里依次拿 12 元~18 元，让孩子给你相应数量的 1 元硬币，练习 20 以内不进位加法。

利用教具"20 以内进位加法板＋购物游戏"练习 20 元以内不进位加法，"20 以内进位加法板"使用方法见附录——儿童财商训练教具使用方法。

20 以内进位加法

手里拿 5 枚 1 元硬币，"妈妈手里有 5 元，宝宝再给妈妈 4 元，一共是多少元？"

孩子点数："一共是 9 元。"

让孩子摆上对应的数字卡，然后，你摆上"＋"和"＝"，一边摆一边说"5＋4＝9"。

手里拿 7 枚 1 元硬币，"妈妈手里有 7 元，宝宝再给妈妈 4 元，一共是多少元？"

孩子点数："一共是 11 元。"

让孩子摆上对应的数字卡，然后，你摆上"＋"和"＝"，一边摆一边说"7＋4＝11"。

问："⑨ 和 ⑪ 这两个数有什么不同？"（启发孩子思考，但这个问题孩子可能答不上来）

出示两组数位字卡，如下图：

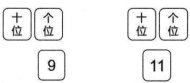

让孩子观察，看看孩子能不能发现 $\boxed{9}$ 和 $\boxed{11}$ 这两个数有什么不同。

"9是一位数，十位上没有数，11是两位数，个位是1，十位也是1。"

拿出1~9数字卡和若干两位数数字卡，让孩子找出哪些是一位数，哪些是两位数。

将1~9数字卡按从小到大的顺序排列。

问："最大的一位数是几？"

答："最大的一位数是9。"

手里拿7枚1元硬币，"妈妈手里有7元，宝宝再给妈妈5元，一共是多少元？"

孩子点数："一共是12元。"

问："请宝宝摆上对应的数字卡。"

问："妈妈手里有7元，7是几位数？"

答："7是一位数。"

问："宝宝给妈妈的钱是5元，5是几位数？"

答："5是一位数。"

问："5加7等于多少？"一边问一边答，一边摆上"＋""＝"和数字卡 $\boxed{12}$。

问："12是几位数？"

答："12是两位数。"

问："7是一位数，5也是一位数，7加5怎么变成了两位数呢？"（启发

孩子思考）

问："请宝宝用 10 元纸币兑换 1 元硬币。"如下图：

问："请宝宝说一说兑换之前和兑换之后的货币（钱）有什么不同？"（启发孩子观察）

"兑换之前是 12 个 1 元硬币，一共是 12 元，兑换之后是 1 张 10 元纸币和 2 个 1 元硬币，也是 12 元。"

问："10 是几位数？"

答："10 是两位数。"

"所以，当两个一位数相加比 10 多时，就变成了两位数。"

选择适当数量 1 元硬币，按上述流程练习进位，让孩子理解逢十进位。

利用教具"20 以内进位加法板＋购物游戏"练习 20 元以内进位加法，"20 以内进位加法板"使用方法见附录——儿童财商训练教具使用方法。

还剩多少钱？

20 以内减法运算，训练数理逻辑思维和运算能力。

20 以内不退位减法

手里拿 1 张 10 元纸币、6 枚 1 元硬币。

问："妈妈手里一共是多少钱？"

16

孩子点数并回答："一共是 16 元。"让孩子摆上对应的数字卡。

问："如果妈妈花掉 1 元，还剩多少钱？"（拿掉 1 枚 1 元硬币）

孩子点数并回答："还剩 15 元。"让孩子摆上对应的数字卡。

摆出算式 $\boxed{16}$ $\boxed{-}$ $\boxed{1}$ $\boxed{=}$ $\boxed{15}$ "16 减 1 等于 15。"

依次"花掉"2 元、3 元、4 元、5 元、6 元，并摆出货币和算式。

利用教具"20 以内退位减法板＋购物游戏"练习 20 元以内不退位减法，"20 以内退位减法板"使用方法见附录——儿童财商训练教具使用方法。

20 以内退位减法

问："如果妈妈花掉 7 元，还剩多少钱？"

你一边数一边拿掉 1 元硬币。"一元、两元、三元、四元、五元、六元，咦！不够七元，怎么办呢？"将 6 枚 1 元硬币重新放回原来的位置，让孩子想办法。

让孩子将 10 元换成 1 元硬币。

问："数一数，一共有多少钱？"

点数并回答："16 元。"

问："把 10 元换成 1 元硬币还是 16 元。那么，如果妈妈花掉 7 元，还剩多少钱？"在前面的 10 枚 1 元硬币中拿掉 7 枚 1 元硬币。

点数并回答："还剩 9 元。"

"如果个位上的数不够减，我们可以把1个10换成10个1，然后再减。"

依次"花掉"8元、9元。

注意：你的动作要从前面10枚1元硬币的第一枚开始拿掉"花掉"的钱，这是在用实物让孩子理解破十法。

待孩子熟练掌握后，再摆算式。

利用教具"20以内退位减法板＋购物游戏"练习20元以内退位减法，"20以内退位减法板"使用方法见附录——儿童财商训练教具使用方法。

由于篇幅有限，其他数量的进退位运算，你可以根据上述方法进行训练。

注意：不要着急脱离实物（货币）用抽象的数字进行训练，暂时不用要求孩子掌握算式。孩子在用实物（货币）动手操作的过程中会在大脑中逐渐抽象化，只有完成从具象化向抽象化的转变，才能脱离实物进行抽象化的数字运算。否则，还是记忆性学习，对孩子的思维构建没有好处。

购物游戏

1.通过购物游戏训练20以内进位加法。

模拟小超市，商品价格在5~10元之间；爸爸扮演收银员，妈妈和孩子扮演购物者一起购物。妈妈和孩子分别购买一件商品，然后，妈妈问孩子："我们两个人一共花了多少钱？"比如，妈妈购买了一件价格6元的商品，孩子购买了一件7元的商品。妈妈问孩子："我们两个人一共花了多少钱？"

在购物游戏过程中尝试让孩子脱离实物硬币口算。如果孩子不能熟练口算，说明孩子还没有建立起良好的抽象思维，继续用实物硬币训练。

2.通过找零钱游戏训练20以内退位减法。

模拟小超市，商品价格在5~10元之间；孩子扮演收银员；妈妈（爸爸）扮演购物者。妈妈（爸爸）拿10~20元购物，让孩子找零。比如，妈妈（爸爸）手里拿一张10元和3枚1元，购买一件价格8元的商品，然后让孩子找零。

妈妈（爸爸）："妈妈（爸爸）手里有13元，买一袋价格8元的薯片，宝宝应该找给妈妈（爸爸）多少钱？"

尝试让孩子脱离实物硬币口算。如果孩子不能熟练口算，继续用实物硬币训练。

钱币宝宝大聚会

理解不同币值之间的数量关系，训练数理逻辑思维；强化价值概念；建立珍惜钱的意识。

数钱能数到哭吗？数钱能数出感恩吗？

10多年前的一次财商亲子训练营，其中一个活动是数钱。我提前与银行沟通兑换了3千枚的1角硬币，每一千枚硬币用一个黑色的袋子装好。活动开始，我对孩子和家长们说："你们每个家庭都有一袋子钱，每个袋子都有编号，每个袋子里的钱我都有数量，在半个小时内，谁数对了，我就奖励给谁作为零花钱。"孩子们一听高兴极了。那天天很热，我故意让服务人员把空调关掉。开始的时候孩子们很兴奋、很吵，渐渐没有了声音，只听到哗啦哗啦的数钱声。有的孩子一枚一枚数，有的孩子一摞一摞数，有的家长帮着数，有的家长帮着计数，所有人都忘了时间，只顾专心数钱。为了验证结果对不对，不止一遍地数，结果越数越乱，有的孩子已经是满头大汗。半小时内报上来的结果都是错的，四十分钟后，只有一个家庭结果正确。最后，孩子们都问我："蒋老师，我们的袋子里究竟是多少钱呀？""你们每个人的袋子里都是一千枚1角，也就是100元。"当时大多数孩子都很吃惊："啊！100元有这么多吗？"我说："是的，就是100元。"孩子们吃惊地看着我。"你们用这么长时间数出100元都这么困难，你们想没想过，你们的爸爸妈妈赚100元有多辛苦？你们花掉100元又是多么容易！"我的话音未落，有一个孩子抱着妈妈哭出了声儿。分享的时候，孩子们感触最深的是："爸爸妈妈你们辛苦了！我爱你！"本来是想做一次货币兑换游戏，没想到让孩子们感受到了钱的价值和爸爸妈妈的辛苦。

有时候孩子们不珍惜钱，乱花钱，是因为他们感受不到钱所蕴含的劳动价值和爸爸妈妈的付出。

准备能够与100元兑换的所有面值的货币，让孩子用不同面值的人民币表达100元。如下图：

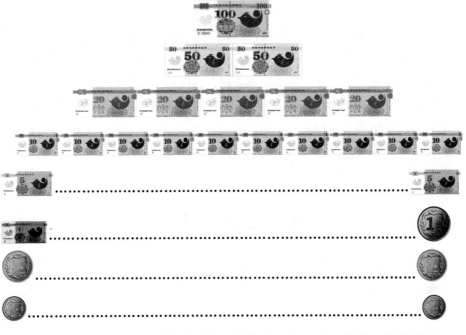

摆这个"金钱阵"会用很长时间，请你准备好心情、钱和时间陪孩子一起摆。

买新书包

学会为未来做准备，培养储蓄习惯，感知时间的价值。

储蓄习惯要一直伴随孩子成长，直至他们成人。让孩子从小就有为未来做准备的意识，同时让孩子感知、理解时间与金钱的关系，这对于孩子将来建立金融思维和投资理念有很好的帮助。投资是钱生钱的策略，钱生钱的一个重要因素是时间，投资是让钱在时间维度里增值。在投资市场里想一夜暴富的人往往是输得最惨的人。我曾用 7 年的时间投资一只股票，最后获得了 8 倍多的收益，这就是时间的魔力。

5~6 岁的孩子即将上小学，上学的时候爸爸妈妈都要给孩子买一个新书包，我建议你让孩子通过储蓄的方式买新书包。

提前半年（一学期）带孩子去看一看他即将要就读的学校，最好每个月去一次，熟悉学校周边的环境，与孩子探讨一下上学需要购买哪些用品。新书包是必不可少的，让孩子自己选择一个新书包，看好价格，然后与孩子一起根据时间、价格和零花钱情况制订一个"新书包储蓄计划"。比如，一个200元的新书包，距离上学还有5个月时间，那么，每个月需要储蓄40元，每个月有4周，每周需要储蓄10元。你可以根据具体情况调整孩子的零花钱，其中有一部分钱要让孩子通过节俭和家务劳动来获得，保障孩子能够通过自己的储蓄、节俭和劳动在开学时买到新书包。每一次向梦想储蓄罐里储蓄的时候，和孩子看一看日历，计算一下还剩多长时间，已经有了多少钱，还差多少钱，让孩子感知时间的存在和等待、期待的感觉。

我的玩具多少钱？

认识人民币符号"¥"；认读三位数；训练数字敏感力；建立价值概念。

在生活中，孩子对于大额货币缺乏认知，很少有机会了解大件商品的价格，比如，几百、几千、几万的商品。在接下来的主题"我的玩具多少钱？""妈妈的手机多少钱？""爸爸的小汽车多少钱？"中，我们分别让孩子认识价格在三位数、四位数、五位数的商品价格。你可能会认为这超出了孩子的认知范围，没有必要，其实不然。有一次，一位家长跟我说，她孩子已经读高中了，突然有一天向妈妈要一千块钱，说要买一个东西，问她买什么，她只是说买回来就知道了，保证不乱花钱。妈妈一开始不想给，但考虑到孩子一直很听话，从来都不乱花钱，还是放心地给了孩子一千块钱。孩子把东西买回来之后，先交给妈妈八百块钱，只花了二百块钱。妈妈很奇怪，问孩子："二百块钱的东西，你为什么要一千块钱呢？"孩子说："我也不知道这东西这么便宜，我以为一千块钱还不够呢。"这是孩子缺乏生活经验的一种表现，对于钱的价值、购买力一片空白。如果将来走向社会，这种价值认知严重缺乏的孩子很容易上当受骗。儿童时期是一个人价值认知的重要源头。

准备0~9数字卡；"个位""十位""百位""¥"字卡；孩子的玩具、衣服鞋帽及价格标签。

先拿出价格是一位数的一个物品及价格标签，比如，

¥5

让孩子认读价格标签上的数字，并摆上对应的货币数量。

认识人民币符号"¥"，读作"元"。当看到数字前面有"¥"时，数字代表的是价格或是多少钱。

¥5 读作"人民币五元"

拿出价格是两位数的一个物品及价格标签，比如，

¥15

让孩子认读价格标签上的数字，并摆上对应的货币数量。

¥15 读作"人民币十五元"

拿出价格是三位数的一个物品及价格标签，让孩子尝试读一读，比如，

¥185

将三个标签摆在一起，让孩子观察三个数字有什么不同。

¥5

¥15

¥185

问："¥5 是几位数？"

答："一位数。"

问："¥15 是几位数？"

答："两位数。"

问："¥185 是几位数？"

答："三位数。"

那么，三位数怎么读呢？拿出数位字卡和数字卡，认读数位字卡。然后，放上三个数字卡 1 8 5 。

有三个数字宝宝组合在一起是三位数。三位数从右边起，第一位是个位，第二位是十位，第三位是百位。让孩子一边指点一边重复，记住数位名称。

百位上的数字是几就读作几百，十位上的数字是几就读作几十，个位上的数字是几就读几。"185"百位上是1，就读作一百；十位上是8，就读作八十；个位上是5，就读作五。合起来读作"一百八十五"。加上"¥"，"¥185"就读作"人民币一百八十五元"。

将个位上的数字卡换成 0，

百位上的数字是几就读作几百，十位上的数字是几就读作几十，个位上的数字是"0"不读。"180"百位上是1，就读作一百；十位上是8，就读作八十；个位上是0，不读。合起来读作"一百八十"。加上"¥"，"¥180"就读作"人民币一百八十元"。

将十位上的数字卡换成 0，

百位上的数字是几就读作几百，十位上的数字是"0"就读作零，个位上的数字是几就读作几。"105"百位上是1，就读作一百；十位上是0，就读作零；个位上是5，就读作五。合起来读作"一百零五"。加上"¥"，"¥105"就读作"人民币一百零五元"。

让孩子任意摆上数字卡，先练习认读三位数，然后再加上"¥"，练习读价格标签。

告诉孩子家里价格是三位数的物品价格，让孩子用数字卡和"¥"标出价格，并摆上对应的货币数量，给孩子算一算每一件物品需要爸爸或妈妈工作多久才能买到。

利用教具"数位与财务数字认读板"练习三位数的认读，"数位与财务数字认读板"使用方法见附录——儿童财商训练教具使用方法。

妈妈的手机多少钱？

认读四位数；训练数字敏感力；建立价值概念。

准备 0~9 数字卡；"个位""十位""百位""千位""¥""，"字卡；手机及价格标签。

为什么要认读三位数、四位数、五位数？

从小让孩子认读三位数、四位数、五位数的目的是培养孩子的数字敏感力。数字敏感力包括两方面，**一是快速阅读数字的能力**。比如"298，657，652"，如果你不是做财务工作的，能一眼读出这个数字吗？绝大多数人不能。做财务工作的人是从前向后读数字，一眼就能读出数字是多少，不做财务工作的人是从后向前读，先读数位，个、十、百、千、万、十万、百万、千万、亿，然后反过来再从前向后读。如果让你看财务报表，时间大概都要浪费在查数位上；**二是理解数字背后含义的能力**。孩子只有能够迅速阅读数字，才能更快更好地了解大数字代表的价格和价值，理解数额背后的财富价值。有一次，我问孩子们的梦想是什么。有一个孩子说："我的梦想是长大后成为亿万富翁，至少也要是个千万富翁。"我问他："为什么不是百万富翁呢？"他说："百万太少了吧。我家的房子就二百多万，百万富翁一个房子都买不起，还能干什么？"如果他不理解大数字，不能把大数额货币与现实生活中的高价值物品对应起来，他不会说出这样的话，也不会理解亿万富翁、千万富翁与百万富翁的差别在哪里。认读大数字对于训练孩子的数感、记忆力、价值判断力很有意义。

拿出你的手机及价格标签，比如，

¥5,458

依次拿出价格标签 ¥5 ¥15 ¥185 ，让孩子认读。

问："四个数字有什么不同？"

¥5

¥15

¥185

¥5,458

答："5 是一位数，15 是两位数，185 是三位数，5，458 是四位数，5，458 多了一个小逗号。"

那么，四位数怎么读呢？

摆出数位字卡和数字卡。

千位 百位 十位 个位

5 4 5 8

有四个数字宝宝组合在一起是四位数，四位数从右边起，第一位是个位，第二位是十位，第三位是百位，第四位是千位。让孩子一边指点一边重复，记住数位名称。

千位上的数字是几就读几千，百位上的数字是几就读作几百，十位上的数字是几就读作几十，个位上的数字是几就读几。"5458"千位上是 5，就读作五千；百位上是 4，就读作四百；十位上是 5，就读作五十；个位上是 8，就读作八。合起来读作"五千四百五十八"。加上"¥"和"，""¥5，458"就读作"人民币五千四百五十八元"。

为什么会有一个小逗号呢？

小逗号是为了方便记住数位，小逗号前面第一位是"千位"，当你看到小逗号前面的数字时就可以读作几千（真实原因你可以上网查一查，我觉得没必要向小孩子解释，只要孩子能够记住就可以了）。

认读带有"0"的四位数读法。

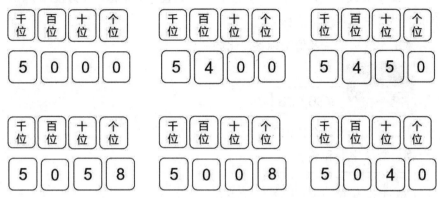

让孩子任意摆上数字卡，先练习认读四位数，然后再加上"￥"和"，"，练习认读四位数价格标签。

注意：认读四位以上的数时，要从前向后读，不要先查数位再读。

拿出上一个主题的物品和价格标签，让孩子摆上对应的货币数量。

问："5 元钱可以买一个 ，15 元钱可以买一个 ，185 元钱可以买一件 ，5,458 元钱可以买一部 ，哪一个更值钱？"

告诉孩子家里价格是四位数的物品价格，让孩子用数字卡"￥"和"，"标出价格，并摆上对应的货币数量，给孩子算一算每一件物品需要爸爸或妈妈工作多久才能买到。

利用教具"数位与财务数字认读板"练习四位数的认读，对比两位数、三位数、四位数有什么区别。

爸爸的小汽车多少钱？

认读五位数；训练数字敏感力；建立价值概念。

准备 0~9 数字卡；"个位""十位""百位""千位""万位""¥""，"字卡；小汽车图片及价格标签。

拿出小汽车图片及价格标签，比如，

那么，五位数怎么读呢？

摆出数位字卡和数字卡。

有五个数字宝宝组合在一起是五位数，五位数从右边起，第一位是个位，第二位是十位，第三位是百位，第四位是千位，第五位是万位。让孩子一边指点一边重复，记住数位名称。

万位上的数字是几就读作几万，千位上的数字是几就读作几千，百位上的数字是几就读作几百，十位上的数字是几就读作几十，个位上的数字是几就读几。"86598"万位上是 8，就读作八万，千位上是 6，就读作六千；百位上是 5，就读作五百；十位上是 9，就读作九十；个位上是 8，就读作八。合起来读作"八万六千五百九十八"。加上"¥"和"，""¥86,598"就读作"人民币八万六千五百九十八元"。

看一看小逗号的位置。

"小逗号的前面有两个数字，小逗号前面的第一个数字是"千位"，小逗号前面第二个数字是万位。当你看到小逗号前面有两个数字时就从'万'开始读起。"

认读带有"0"的五位数读法。

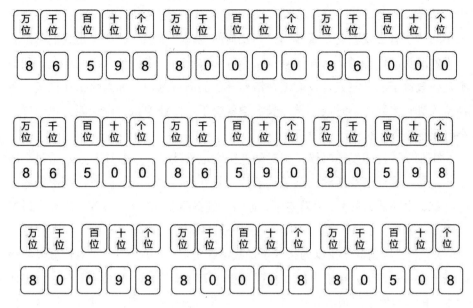

让孩子任意摆上数字卡，先练习认读五位数，然后再加上"¥"和"，"练习认读五位数价格标签。

注意：要从前向后读，不要先查数位再读。你可以模仿同样的方法教孩子认读6~9位数。

告诉孩子家里价格是五位数的物品价格，让孩子用数字卡"¥"和"，"，标出价格，家里除了房子、车子以外，五位数价格的物品并不多，可以带孩子到大型购物中心观察一下有哪些商品的价格是五位数以上的价格，给孩子算一算如果购买这些大件商品需要爸爸或妈妈工作多久才能买到。

利用教具"数位与财务数字认读板"练习五位数的认读，对比两位数、三位数、四位数、五位数有什么区别。

钱怎么变多？

理解低买高卖、交易次数与交易数量。

准备棒棒糖（或其他小商品）、1角硬币若干；"买""卖""变多"字卡。

　　商业的本质都是低买高卖，无论你做生意、做企业、做公司，还是投资股票、基金，想要赚钱一定要遵循"低买高卖"的底层逻辑。你可能会问："这么小的孩子有必要教怎么赚钱吗？"我前面说过"意识"，意识是我们思维和行为的源头，你有了什么样的意识，你就会去思考、去做什么样的事儿。我们不是在教孩子怎么赚钱，我们是在培养孩子的商业意识。你为什么让孩子上各种特长班？因为，小时候不学，长大学就晚了。商业意识、赚钱能力也一样，小时候不培养，长大了也没有。

　　我在做课程研发的时候，针对幼儿园大班设计了一个赚钱游戏，给每个孩子4角钱，通过游戏活动让孩子理解什么是低买高卖。一名参与课程研发的老师给孩子上完课后问我："蒋老师，你猜一猜孩子在40分钟的游戏活动中最多能赚多少钱？"我想了想，"4角钱……最多3块钱？""不对，你再猜。""5块？""再猜。"我以为猜多了，我继续猜，"1块？""不对，最多的孩子赚了七块三角钱，把手里的4角钱变成了77角。""不可能吧！""我也认为不可能，但他手里最后就是77角钱。全班小朋友大多都在3块左右，这个孩子特聪明，他能根据手里的钱和商品价格把交易数量和交易次数配合得特别好。在扮演超市售货员的游戏中，找零钱也从来不出错。"我问老师："这个孩子家里是不是做生意的？""他家是开超市的。"晚上放学后我去了他家的超市，看到他坐在收银台后面。我拿了一袋盐（价格0.8元，10多年前），走到收银台前，故意递给他一张20元，我想看看他能不能把钱找对。他熟练地打开钱匣子，一分不差地找给我。我说："你找得不对吧！"他毫不犹豫、非常自信地对我说："不信你自己数数。"

　　财商有一项重要的能力——算账的能力，精于算账的人，财商一定不会差。

　　下面我们来教孩子赚钱吧！

　　和孩子玩一个角色扮演游戏，孩子扮演超市老板，妈妈扮演消费者，爸爸扮演批发商。爸爸手里拿着准备好的棒棒糖和价格标签（¥5角），让孩子从爸爸手里买一支棒棒糖，然后，孩子把棒棒糖卖给妈妈，价格10角。买卖结束后，问孩子："你手里的钱变多了还是变少了？为什么？"

　　将字卡、棒棒糖、小硬币摆出如下图形式。

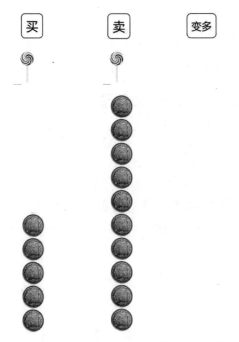

一边说一边重复买卖过程："宝宝从爸爸手里买棒棒糖花出去 5 角钱，卖棒棒糖给妈妈收回 10 角钱。看一看 5 角和 10 角，哪个高，哪个低？"

············

一边做动作一边说："买低，买进来的时候花出去的钱少；卖高，卖出去的时候收回来的钱多，这叫作低买高卖，'低买高卖'钱就变多了，宝宝就可以赚到钱了。"

让孩子数一数钱变多了多少。

继续游戏，让孩子体验钱怎么变多，理解什么是低买高卖。

待孩子理解了低买高卖后，将游戏升级。

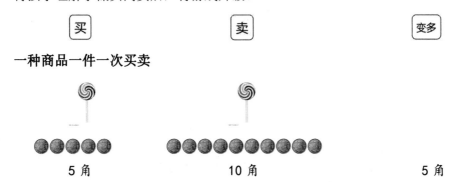

一种商品一件一次买卖

一种商品一件多次（2次）买卖

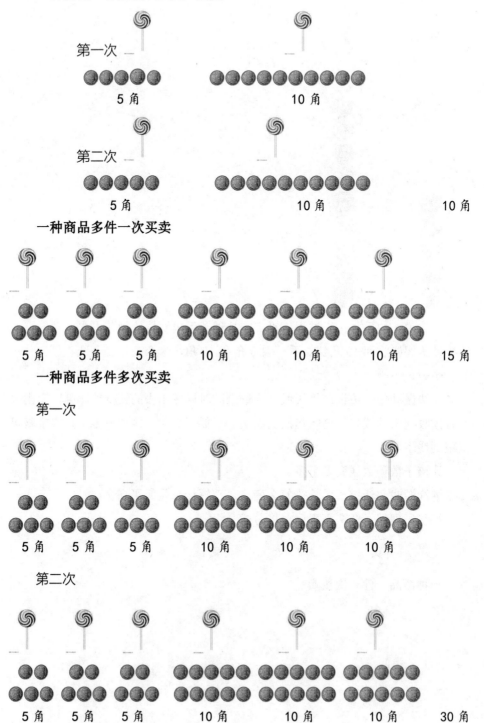

第一次

5 角　　　　　　　10 角

第二次

5 角　　　　　　　10 角　　　　　10 角

一种商品多件一次买卖

5 角　5 角　5 角　10 角　10 角　10 角　15 角

一种商品多件多次买卖

第一次

5 角　5 角　5 角　10 角　10 角　10 角

第二次

5 角　5 角　5 角　10 角　10 角　10 角　30 角

让孩子思考哪种方式让钱变得更多？

为使游戏更有趣，你可以多准备一些商品和小货架，模拟成更逼真的超市，让孩子探究更多的组合方式，理解交易次数和交易数量对钱变多的影响。

外国小朋友用什么钱？

认识不同国家和地区的货币，开阔孩子视野。

上网搜一些其他国家和地区的货币图片存在手机或电脑里，准备给孩子看。

先通过故事《奇妙的旅行》让孩子了解不同国家或地区使用的钱是不同的。

奇妙的旅行

森林幼儿园里，午休的时间到了，小动物们都睡着了。可是，调皮的小猴子却迟迟不能入睡。原来，他在想着暑假旅行的事情，一想到很快要和好朋友们一起出去旅行，乐得合不拢嘴。想着想着小猴子进入了梦乡。

在梦里，他来到了一个美丽的地方，看见一座城堡，城门上方写着金光闪闪的三个大字"梦想城"。

小猴子惊喜地向城门走去，刚走到城门口，城门自动开了。

"哇，太美了！"

一栋栋美丽奇特的建筑，宽广的马路上各种太阳能汽车在奔驰。马路两旁栽满了各种各样的果树，果实累累，触手可及，让人一看就忍不住流口水。

正在小猴子流口水的时候，一个机器人伸手摘了一个桃子递给了小猴子："欢迎你来到梦想城。"小猴子接过桃子说了声"谢谢！"，大大地咬了一口，哇！桃子散发出了十几种水果的味道，好吃极了。此刻，小猴子觉得吃一种水果就像吃了十几种水果，身体充满了能量。

小猴子继续往前走。前面出现了一扇大门，这一扇门更漂亮。大门又自动打开，迎面走来了一位美丽的机器人小姐姐，"中国小客人，欢迎你来到梦想城。"

"你怎么知道我是中国人？"小猴子疑惑不解地问道。

"那是因为我们的人类识别系统在你跨进城门的时候就把你的资料分析清楚了呀！"

小猴子感叹道："哇！真不愧是梦想城，真是高科技呀！"

这时候机器人小姐姐说："中国的小客人，你能来到这里真的很幸运，我们刚刚研发出一个新的产品——'梦想机器人'，只要你对着它说出你的梦想，梦想机器人就会带着你去实现梦想。"

小猴子开心地跳了起来："真的能帮助我实现梦想吗？"

"当然了，不信你可以试试啊。"

小猴子小心翼翼地走到梦想机器人面前，想了想自己的梦想，大声地说道："梦想机器人，暑假我要和我的好朋友出国旅游，但是我们不知道哪个国家更好玩，你能带我去看看吗？"

"咔嚓"，梦想机器人打开了一扇门，"请你上来吧，我带你去看看。"

梦想机器人带着小猴子先到了美国。帅帅看到了自己从来没看到过的风景。

"哇，好漂亮啊！"

"这里是美国的华盛顿，最著名的景点是自由女神像和白宫。"

小猴子继续往前走，看到了好多玩具，"这些玩具一定很好玩，我要买一些带回去。"可是，当小猴子要付钱的时候，梦想机器人告诉他："美国用的是美元，人民币在这里是不能花的。"小猴子只能放弃了。

小猴子很不开心："我们去别的国家吧，这里连东西都不能买。"

梦想机器人答应了一声："好的。"转眼间他们来到了另一个国家，梦想机器人说："这里是法国，看！那边高高的是埃菲尔铁塔，有300多米高。人们非常喜欢站在埃菲尔铁塔上欣赏整个巴黎的风景。"

"哇，我也想上去欣赏一下风景。"

"买了门票才可以上去。"

小猴子掏出钱准备去买门票。"哦，我忘记告诉你了，法国使用的是欧元，人民币不能用。"

小猴子很着急，不解地问："为什么总是这样？不玩了，我要回去。"

小猴子睁开眼睛，看了看四周，咦！怎么是幼儿园啊？

哦！原来刚刚是在做梦。虽然是一个梦，但小猴子还是很兴奋，将自己梦里的故事讲给了其他小动物，小动物们听得很认真，都觉得很有意思。可是，大家不明白，为什么小猴子在梦里不能用自己的钱买东西呢？

他们去问山羊老师，山羊老师说："是的，我们中国使用的钱是人民币，美国使用的钱是美元，法国使用的钱是欧元。如果我们想要在其他国家买东西，必须要到银行将人民币换成他们的钱。"

小兔子说："小猴子，你的梦真奇妙。暑假我们一起去这些奇妙的地方游玩吧。"

小熊猫迪迪说："不过我们要先去银行换美元、英镑和欧元才可以。"

放暑假了，小动物们一起去了美国、法国、英国、日本，他们拿着在银行换到的美元、欧元、英镑、日元，买到了自己喜欢的东西。他们一起经历了一次奇妙有趣的旅行。

读完故事，给孩子展示不同国家和地区的货币图片，讲一讲不同国家和地区的风土人情，最好能够兑换几种外汇给孩子收藏。

我是家务小能手

体验劳动的快乐，感知付出与回报。

5~6 的孩子动手能力已经很强了，简单的家务劳动会做得很好。我记得我女儿这个年龄的时候，特别爱自己洗衣服，每次洗衣服我都夸她洗得干净，然后帮她把衣服晾上，她特别自豪，特别有成就感。

5~6 岁的孩子可以让他擦桌椅、沙发等家具；自己铺床、换床单；洗自己的小衣服；准备第二天去幼儿园的东西；更好地收拾自己的房间。

这个年龄可以和孩子谈劳动报酬了。有的家长认为小孩子做家务不应该给报酬，怕孩子事事都和钱挂钩，变得唯利是图。我倒觉得在这个商业社会中，"唯利是图"并不是一个贬义词，而是推动经济发展的一种动力。如果每个人都能做到"利他"的"唯利是图"，那么，经济、社会的发展会更好。所以，我们应该教会孩子正确地"唯利是图"，让孩子知道每个人的付出都是有价值的，都应该得到合理的回报。

你可以将家务劳动分成两部分，一部分作为应尽的责任和义务，培养家庭责任感，不给报酬；一部分作为有价劳动，给报酬。家务劳动是家庭教育、孩子成长的重要组成部分，能培养孩子很多好品质和能力，能让孩子感知劳动的价值、付出与获得的关系。

社会实践——摆地摊

体验赚钱的快乐。

小孩子对自己能够赚钱非常有成就感，而且对自己赚来的钱特别珍惜。我在做课程研发的时候，会定期带幼儿园的小朋友摆地摊。

摆地摊对孩子来说看起来是一件很辛苦很累的事儿，但孩子们感受更多的是快乐和赚到钱的兴奋。带孩子摆地摊重要的是让孩子感受到赚钱的快乐，让孩子从小感受赚钱是一件快乐的事儿很重要，一个觉得赚钱快乐的人会比觉得赚钱辛苦的人更容易赚到钱。

在前面的训练中，孩子知道了低买高卖的道理，那么，接下来你可以让孩子真实体验一下什么叫"低买高卖"。

先带孩子到批发市场（或网上）买一些小商品，记录好商品的价格。

确定出售的价格，并制作价格标签。

找一个合适的地方摆摊，如公园、商业街等流动人口多的地方。

第一次带孩子摆地摊建议由爸爸妈妈出资，赚到的钱归孩子所有，这样孩子更有成就感，更有兴趣。等到孩子更自信，能力提高了之后，可以让他用自己的零花钱投资。

最好能够组织几个朋友的家庭一起带孩子摆地摊。

Part 4　儿童财商教养法（6~8岁，一、二年级）

小学一二年级财商教育的重点放在零花钱上。小学阶段是孩子财商培养的最佳时期，孩子对钱有了初步的认知，有的孩子开始有零花钱，开始独立使用金钱。小学一二年级是孩子独立使用金钱的初级阶段，在获得零花钱、管理零花钱、使用零花钱的过程中逐渐建立起自己的金钱观、消费观和财富观。等到孩子上了初中以后，进入青春期，观念、习惯基本定型，就很难改变了。所以，在小学阶段一定要重视零花钱的问题，通过零花钱对孩子进行良好财商教育。财商是孩子的必修课，缺少金钱教育是对孩子未来的不负责任。因为，对金钱的认知会影响孩子未来的生活、工作、家庭和事业。

根据 6~8 岁（一二年级）孩子的认知发展和心理发展，我设计了如下主题。

零花钱合同——培养契约精神，建立信用思维、诚信意识、责任意识和规则意识。

家务劳动合同——理解获得与付出的关系，培养家庭责任感、自理能力、独立能力、感恩意识和积极心理。

零花钱使用计划——学习判断"需要与想要"，学会量入为出；学会节制自己不合理的欲望，不乱花钱；培养预算思维和规划能力。

零花钱使用记录——养成记账的良好习惯；培养执行力、复盘能力、自我认知能力、执行力、洞察力、自控力、反思思维。

大梦想和小梦想——培养成长动力和追求目标的意识；训练做事有目标、有计划、有行动、有结果的行为习惯和思维习惯；学习确立目标，制订计划、执行计划、达成目标的方法；培养目标感、成就感、执行力和延迟满足能力；培养坚持、毅力、自信、乐观的积极心理。

成长计划——培养对时间、环境、事件的感知能力和掌控能力、达成目标的能力、规划能力；感受生活的快乐和意义，建立积极向上的心理。

时间管理——制订一日学习、生活流程，培养时间观念，养成良好的生活习惯和学习习惯；建立清单思维，提高自控力、自理能力、独立能力。

钱去哪儿了——了解家庭的收入与支出，感知钱在生活中的重要性，拓展对金钱的认知。

种下金钱的种子——了解钱生钱的道理，建立投资意识。

社会实践"生存挑战"——激发敢于挑战的勇气和自信；锻炼孩子的想象力和创造力；提高其独立能力和生存能力。

社会实践"小生意"——了解商品流通的过程；培养商业意识和商业敏感力；激发孩子的商业天才。

零花钱协议

在零花钱方面家长咨询的问题很多。比如，零花钱应该怎么给？零花钱给多少合适？孩子做家务该不该给报酬？孩子乱花钱怎么办？花钱大手大脚，给多少花多少怎么办？不给买就哭闹怎么办？孩子偷钱怎么办？

家长问我这些问题的时候，我都会反问家长一个问题：你是怎么给孩子零花钱的？

有的家长一天一给，有的家长什么时候要什么时候给，有的家长要多少给多少，很少有家长有一套完善的给零花钱的方法。在给孩子零花钱这件事情上很多家长存在错误的想法和方法，认为给孩子零花钱就是满足孩子的需求，别人家的孩子有，我家孩子不能没有。有的家长认为孩子小不应该接触钱，要什么跟爸爸妈妈说就可以了。

给孩子零花钱不仅仅是满足孩子的需求，更应该把给零花钱作为一项重要的教育内容，作为家庭教育的重要组成部分。

很多父母是在孩子上学后开始给孩子零花钱，其实这已经晚了。如果孩子在上学前没有独立使用零花钱的经验，缺乏对钱的基本认知，那么，一旦有了零花钱，而且是不在父母监督的情况下使用零花钱，往往很容易受到身边同学的影响，会很快对钱产生错误的认知，形成不良的习惯和观念。

给孩子零花钱看似是生活中的小事儿，但严重一点儿说会影响孩子的一生。所以，给孩子零花钱之前要约法三章，让孩子"有章可循"，父母要"有法可依"。下面给你提供一个简单的《零花钱合同》模板，你可以根据具体情况在此基础上进行修改和调整。建议你要给孩子真实的货币，不要让孩子用电子支付的方式，同时，再给孩子增加一个储蓄罐——投资储蓄罐（黄色）。上学后孩子应该有四个储蓄罐：投资储蓄罐（黄色）、梦想储蓄罐（蓝色）、爱心储蓄罐（红色）、零花钱储蓄罐（绿色）。另外，给孩子办理一张银行卡，让孩子将储蓄下来的零花钱和压岁钱存到自己的账户里。

零花钱合同

甲方（父母姓名）：

乙方（孩子姓名）：

甲乙双方就零花钱的给予、使用和管理达成如下协议：

一、零花钱标准：_____元/周。

二、零花钱发放的时间：周_____。

三、零花钱的分配：双方同意将零花钱分成四份，分别放入四个储蓄罐。

投资储蓄罐（20%）；梦想储蓄罐（20%）；消费储蓄罐（40%）；爱心储蓄罐（20%）

四、零花钱的管理和使用：

1. 乙方每周得到零花钱后，须制订一周的零花钱使用计划。

2. 乙方须做好每周的零花钱使用记录。

3. 甲乙双方每周举行一次家庭财务会议，检查、核对零花钱使用计划和零花钱使用记录，发放下一周的零花钱、劳动报酬以及相关奖励和惩罚。

4. 如果乙方的零花钱使用计划和零花钱使用记录书写工整，计算无误，没有严重的不良消费，下周零花钱可以增加_____元。

5. 如果乙方的零花钱使用计划和零花钱使用记录的书写和计算不能让甲方满意，下周零花钱将减少_____元。

6. 如果乙方的零花钱使用计划没有制订，零花钱使用没有记录，下周的零花钱将减少_____元。

7. 如果乙方有严重的不良消费支出，下周将停发一周的零花钱。

8. 乙方用有权支配节省下来的零花钱。

9. 如果乙方超额支出，超额部分从下周的零花钱中扣除；如果连续两周超额支出，甲方有权停发一周零花钱。

10. 未经甲方同意，乙方不可以购买消费计划外的商品，如果乙方需要购买零用钱使用范围以外的商品，必须征得甲方同意，甲方可以给乙方足够的资金。如果乙方独自去购买，须将找回的零钱、购物收据或小票和商品于当天晚上交给甲方。

11.乙方不得向其他人，包括爷爷奶奶、外公外婆及其他亲戚、父母的同事、朋友等索要零花钱，否则，甲方有权严格处理。

12.专款专用，投资储蓄罐、梦想储蓄罐、爱心储蓄罐的钱不得作为零花钱使用，投资储蓄罐的钱积攒到一定额度后可以存入银行账户，用于投资，比如教育基金、定投基金等；梦想储蓄罐的钱必须用于实现梦想；爱心储蓄罐的钱必须用于感恩或公益。

13.如果乙方没有按专款专用的原则使用零花钱，甲方可根据具体情况对乙方进行惩罚。

14.乙方的压岁钱由甲乙双方另行约定。

五、违约：

1.甲方必须按合同约定的时间给乙方发放零花钱。如果甲方未能按时给乙方发放零花钱，视为甲方违约，甲方须向乙方支付违约金，每延迟一天违约金为＿＿＿元。

2.如果甲方因工作或其他原因不在家，不能按时给乙方发放零花钱，可不视为违约。

3.如果乙方没有按"四、零花钱的管理和使用"规则执行，视为乙方违约，按约定执行。

六、未尽事宜。

甲方（签字 按手印）：　　　　　　　乙方（签字 按手印）：

监督人（可以是爷爷奶奶、外公外婆或者是老师）（签字 按手印）：

＿＿＿年＿＿月＿＿日

签订《零花钱合同》时，一定要有仪式感，让孩子有敬畏心。告诉孩子，合同是你对别人的承诺，遵守承诺才有信用，有信用的人才会得到别人的尊敬和信任。没人愿意和一个没有信用的人打交道。没有信用的孩子长大后很难有发展空间，很难得到别人的帮助。信用是财富，是人与人之间重要的一种关系。

在执行合同时，无论是爸爸妈妈违约，还是孩子违约，一定要按合同条款执行，让孩子感受到合同的约束力，这对培养孩子的契约精神、信用思维、责任意识和规则意识有非常大的帮助。

零花钱关乎孩子的人生观、价值观的形成，关乎孩子消费习惯、延迟满足和幸福感的培养；零花钱是孩子认识金钱、学会使用和管理金钱的第一步，正确合理地给孩子零花钱是财商教育的起点。

那么，**如何给孩子零花钱呢？**

我建议，给孩子零花钱遵循这四个原则：**定量给、定时给、不随意给、有仪式感。**

零花钱的数额要固定，时间要固定。小学阶段通常一周给一次，每周固定周六或周日给，数量可以根据孩子身边同学们的零花钱平均值来确定，不能太少，也不宜太多；初、高中的孩子可以每月给一次，每月固定月初或月末给，参考同学们的平均值和孩子的具体需求。

为什么要定时给、定量给呢？

定时、定量给孩子零花钱，目的是培养孩子掌控金钱的能力。定时，目的是让孩子在时间维度上把握金钱，比如，一个小学生，如果一周给他 30 元零花钱，那么，他就需要学习如何在一周时间内管理和使用这 30 元零花钱，如果你每天给孩子零花钱，他就学不到如何在时间维度上管理和使用零花钱；定量，目的是让孩子养成量入为出的习惯，有的爸爸妈妈会担心把零花钱一次都给孩子，孩子会乱花，其实，不必担心，如果你对孩子明确每周固定金额的零花钱后，孩子就会掰着手指头算计这钱该怎么花，如果每天给，花没了就给，什么时候要就什么时候给，那么，孩子对金钱的数量就没有概念，总觉得爸爸妈妈有花不完的钱，很容易养成不良的消费习惯和消费观念。通过定时、定量的方式，再加上爸爸妈妈合理的监督、指导，这样，可以不断提升孩子规划、使用金钱和管理金钱的能力，从而提高孩子掌控自己生活的能力和独立能力。至于给孩子零花钱的多少，爸爸妈妈们要根据家庭经济状况和孩子的消费情况，具体问题具体操作。

不随意给。"不随意"有三层意思，一是，不能孩子什么时候要什么时候给，也不能要多少就给多少，一定要定时、定量；二是，不能随手将兜里的零钱给孩子，不能在孩子帮你购物后，将剩下的零钱给孩子，不能让孩子随便将家里的零钱占为己有，要让孩子知道钱是有所有权的，不是你的东西不能随便占有；三是，爷爷奶奶、外公外婆不要随便给孩子零花钱。有的孩子在爸爸妈妈那里得到的零花钱不够用，就随时向爷爷奶奶或外公外婆要，隔辈人更爱孩子，经常会无节制给孩子零花钱，这一点，爸爸妈妈要和爷爷奶奶、外公外婆做好约定，孩子身边的人都是孩子的教育者。你可以回看一下"钱的主人（5~6岁）"有关"物权"概念的内容。

有仪式感。回看"三个储蓄罐（4~5岁）给零花钱为什么要有仪式感？"

如何计算给孩子零花钱的数额？

根据孩子每周大概需要多少日常零花钱来确定零花钱的总金额。先将投资、梦想、零花钱、慈善的钱设定一个比例，例如，投资20%、实现梦想20%、零花钱40%、慈善20%，如果孩子每周的日常零花钱是10元，占零花钱总额的40%，那么，投资、实现梦想、慈善各占20%，就是5元，每周的零花钱总额就是25元。零花钱的总额及分配比例可以根据你们生活的不同城市、家庭情况、孩子的情况等做适当的调整。建议家长朋友，不论你是比较富裕的家庭，还是不富裕的家庭，给孩子的零花钱都不要过多。

家务劳动

在一次家长课程中，一位爸爸说他的孩子（二年级）有乱花钱的习惯，给多少钱一天都能花掉，而且每周都要吃一次牛排。我建议他让孩子做家务，每天晚饭后刷碗、打扫卫生，每次给2块钱报酬，让孩子感受一下获得与付出的关系，感受是赚钱容易还是花钱容易。两周以后，这位爸爸给我打电话说我的办法很有效。

他说："有一天，我儿子突然对我说：'爸爸，以后我再也不吃牛排了。'我问他：'为什么不吃牛排了？'他说：'牛排好贵呀！你看，我每天晚上刷碗、打扫卫生要40多分钟，挺累的，只赚2块钱，我得刷两个月碗才能吃一次牛排，太贵了，以后不吃了。'从那以后，他开始攒钱了，把给他的零花钱和刷碗赚到的钱都攒了起来。有一天，我们三口人出去散步，他给我和他妈妈每人买了一根5块钱的雪糕，他自己买了一根3块钱的。我问他为什么自己不买5块钱的，他说爸爸妈妈每天工作挺辛苦的，要让爸爸妈妈吃好的，自己钱多了再买5块的，长大以后赚钱了也要让爸爸妈妈吃好的。"

如果孩子没有感受到每天2块钱的收入与一顿牛排的对比，他怎么能有"贵"的概念？如果他没有"花钱容易，赚钱难"的体验，怎么能体会爸爸妈妈赚钱的不易呢？

现在，真正会做家务，做家务是生活常规的孩子不多。有的父母不舍得让孩子做家务；有的父母认为，孩子的任务是好好学习，其他的事情不必干；有的父母觉得孩子小做不好，孩子做完了大人还要再收拾一遍，这样更麻烦。这都是家庭教育的误区、爱的误区，做家务是一种生存教育、生活教育，是非常必要的。孩子通过劳动，不仅可以认识世界，而且可以更好地了解自己，感知劳动的价值，感恩父母的付出，培养家庭责任感。

在生活体验中获得成长，培养适用一生的能力和素养是伴随孩子一生的隐性财富。

下面给你提供一个《劳动合同》模板，供你参考，让孩子从现在起开始做家务吧。

劳动合同

甲方（父母姓名）：

乙方（孩子姓名）：

做家务是每个家庭成员应尽的责任和义务，为了建设干净、整洁、和谐、幸福的家庭。甲乙双方达成如下协议：

一、甲方有权分配劳动内容。

二、甲方有权规定劳动质量并按劳动质量给予相应报酬。

三、乙方有权根据自己的劳动成果获得相应报酬。

四、乙方有权与甲方协商劳动报酬额度。

五、乙方有关自理方面的家务劳动不能获得劳动报酬，例如，整理自己的房间、玩具、学习用品；清洗自己的衣服、鞋帽等。

六、乙方应尽家庭义务的劳动不能获得报酬，例如，每周清扫一次客厅、给爸爸妈妈做一次早餐。

七、乙方必须按约定的时间及时做好家务，不得拖延，否则，甲方不给予劳动报酬，同时，给予相应的惩罚。

八、甲乙双方协商确定的家务劳动内容如下表（仅供参考）：

劳动内容	劳动时间	义务劳动	有价劳动	质量标准	报酬金额
倒垃圾	每天早晨出门时		✓	高标准	2元/周
				合格	1元/周
				不合格	无报酬
整理玩具学习用品	每天睡前	✓		高标准	无报酬
				合格	无报酬
				不合格	无报酬
清扫自己的房间	周六早7点-8点	✓		高标准	无报酬
				合格	无报酬
				不合格	无报酬
清扫客厅	周六晚上	✓		高标准	无报酬
				合格	无报酬
				不合格	无报酬
清理洗手间	周日上午		✓	高标准	5元/次
				合格	2元/次
				不合格	无报酬
每天洗碗			✓	高标准	3元/天
				合格	1元/天
				不合格	无报酬
洗车	不确定时间		✓	高标准	5元/次
				合格	3元/次
				不合格	无报酬

九、未尽事宜：

甲方（签字 按手印）：　　　　　　　乙方（签字 按手印）

监督人（）（签字 按手印）：　　　　_____年__月__日

在确定"义务劳动""有价劳动"和"劳动报酬"时，与孩子协商，劳动报酬不要太多。制订质量标准时，父母要给孩子做示范，教孩子怎么做，平时要给孩子做好榜样，制订好标准后，一定要严格执行。多鼓励，多表扬，让孩子有成就感。不要说孩子干啥啥不行，孩子不行只能说明你没教好。

零花钱使用计划

孩子有多种渠道获得零花钱，除了父母给的零花钱，有的孩子会帮父母做家务赚取零花钱；有的孩子会用压岁钱；有的孩子会把自己闲置的东西卖掉；有的孩子会向爷爷奶奶等亲人要；有的孩子甚至会向同学借。无论孩子怎么获得零花钱，如果他能够正确地使用和管理好零花钱，都是一件很好的事情。如果不能很好地管理和使用好零花钱，会影响孩子对金钱的认知和价值观。所以，父母了解孩子零花钱的来源、使用和管理是一件非常重要的事情。

孩子得到零花钱后的第一件事是分配零花钱，将零花钱分成投资、梦想、零用、感恩四份，即孩子知道钱的流向——钱去哪了，这是**学习管理零花钱的第一步。**花钱是孩子与金钱打交道最重要的环节。首先要做到花钱有计划。通过《零花钱使用计划》让孩子在使用零花钱时做到心中有数，明确什么是自己需要的，什么是自己想要的，学会控制、管理自己的欲望，不断提升对自己的认识。

下面给你提供一个《零花钱使用计划》模板，你可以参考制作一个表格，然后打印装订成册与《零花钱合同》《劳动合同》《零花钱使用记录》配合使用，每周一页。

零花钱使用计划

____年__月__日 —— ____年__月__日

周	购买商品	数量	单价	金额	需要	想要
一						
二						
三						
四						
五						
六						
日						

本周零花钱（合同约定）：元	上周劳动所得：元	上周完成任务所得：元

本周收入合计：　　　　元		本周计划消费：　　　　元

本周分配计划	投资储蓄罐：　　　元	梦想储蓄罐：　　　元
	零花钱储蓄罐：　　　元	感恩储蓄罐：　　　元
合计	投资储蓄罐：　　　元	梦想储蓄罐：　　　元
	银行账户：　　　元	感恩储蓄罐：　　　元
总资产	投资储蓄罐＋银行账户＋梦想储蓄罐＋感恩储蓄罐：元	

注："需要"和"想要"

计划购买的商品是"需要的"，就在对应的"需要"栏内做一个标注，如"√"；计划购买商品是"想要的"，就在对应的"想要"栏内做一个标注，如"√"。

零花钱使用记录

钱从哪里来？钱到哪里去？钱为什么去那里？这是孩子在和金钱打交道时必须要清楚的问题。钱花到哪里去了过后就忘记了，**知道钱是怎么来的，却不**

知道钱是怎么没的。做公司、做企业、做生意以及家庭生活，有的人把钱管得井井有条，账目清晰；有的人把钱管得一塌糊涂，有些钱去哪了根本不知道。有的时候不是没赚到钱，而是没管好钱，**钱不仅是赚来的，也是管来的。**如何管钱是一个习惯问题，记账、关注你的财务状况是一个人掌控金钱能力的体现，所以，从小培养记账的习惯是非常必要的。我们都知道记账是个好习惯，可很少有人能做到，其中一个重要原因是没有从小养成习惯。能够深入骨髓，伴随我们一生的习惯大都是童年时期形成的。

　　下面给你提供一个《零花钱使用记录》模板，与《零花钱使用记录》对应使用，同样是打印装订成册与《零花钱合同》《劳动合同》《零花钱使用计划》配合使用，每周一页。

零花钱使用记录

_____年__月__日 —— _____年__月__日

周	购买商品	数量	单价	金额	计划内	计划外
一						
二						
三						
四						
五						
六						
日						

本周消费金额：　　　元	计划内：　　　元	计划外：　　　元

节省金额：　　　　　　元	超支金额：　　　　　元

节省支配方案：

超支惩罚和补救方案：

其他说明：

　　注："计划内"和"计划外"

实际购买的商品是《零花钱使用计划》计划购买的商品就在对应的"计划内"栏做一个标注，如"√"；实际购买的商品不是《零花钱使用计划》计划购买的商品就在对应的"计划外"栏做一个标注，如"√"。

为什么要让孩子做《零花钱使用计划》和《零花钱使用记录》呢？

通过《零花钱使用计划》和《零花钱使用记录》，让孩子学习在一段时间内掌控一定数额的金钱，学会分配金钱、管理金钱和合理使用金钱，感知金钱与时间的关系；培养记账的好习惯，训练数字敏感力、价值判断力；学会把钱花在应该花的地方，让有限的金钱给自己带来更大价值和快乐。

当孩子把《零花钱使用计划》和《零花钱使用记录》进行对比时，他会发现真实的消费和计划往往是不同的，这时你要让孩子思考"为什么会不同？"，和孩子一起找出原因和解决的办法，培养孩子发现问题、分析问题、解决问题的思维和习惯。慢慢孩子会发现原来还有另外一个自己——被自己欲望控制的自己，让孩子更好地了解自己的欲望、培养自我认知的能力、延迟满足感的能力和执行力，不断提升孩子的自控力。自控力的强弱是决定孩子成绩和成功的重要条件。

刚开始做你会觉得有点麻烦，坚持几周后，熟练就好了。做《零花钱使用计划》和《零花钱使用记录》是培养财商有效、简单和基本的方法，在培养孩子财商的同时，也会培养孩子很多其他方面的品质和素质。

一二年级的孩子书写能力和识字量还不够，可以由爸爸妈妈协助做，做好后和孩子把内容讲清楚，或者用简笔画的形式代替文字更好。等孩子能力够了，让孩子独立完成。

大梦想与小梦想

少年期是确立远大理想的最佳时期，很多有大成就的人在少年期就有远大的理想。这一时期孩子对自己将来要成为什么样的人开始有想法，所以，应该引导孩子树立理想、确立梦想，让孩子多阅读一些名人传记，找到自己心中的榜样，找到自己未来的发展方向。

每个孩子心中都充满着梦想，他们梦想自己长大后成为科学家、工程师、飞行员、企业家、明星、网红……但随着年龄的增长，梦想却越来越远，充满梦想的孩子慢慢变成了缺乏梦想的大人。不是放弃了梦想，而是没有在实现梦想的经历中找到成就感、成功感，所以，慢慢淡忘了梦想，模糊了梦想。如果在成长的过程中，经常能够享受到实现梦想的快乐、成就感和成功感，那么，孩子会成为一个有理想、有追求的人。

我在研发财商思维训练沙盘的时候，发现有一名叫朱括北的小朋友（幼儿园大班），他选梦想卡的时候很迟疑，我问他："北北，你怎么不选梦想卡？"他说："园长叔叔，你的梦想卡里没有我的梦想（10多年前孩子们还叫我园长叔叔，现在已经是园长爷爷了，哈哈！）。"我问他："那你的梦想是什么呢？""我的梦想是长大后做一个银行家。""你为什么要做一名银行家呢？"他指着我面前的游戏币，笑嘻嘻地说："因为银行家最有钱，银行家管着所有的钱，别人都要找银行家贷款，利息可以赚很多钱，所以，我要当银行家。"于是，我把"长大后成为一名银行家"作为一个梦想卡放了沙盘里。我对北北说："如果你要想长大后成为一名银行家，那么，一定要学好数学。"从那以后，他特别喜欢数学课，上学后数学几乎每次都一百分，九十八分是他数学成绩的最低分。参加课程研发的小朋友每个学期都要通过自己赚钱实现一个小梦想。沈括北在幼儿园实现的第一个小梦想是一辆玩具车，价格50元。孩子们通过一个学期的努力和等待，实现梦想的时候都特别兴奋。沈括北的妈妈跟我说："北北上了小学以后，清理小时候的玩具，有的送人了，有的让他卖掉了，有的扔掉了，只有在幼儿园的梦想——大汽车，一直放在自己的书架上，而且没有打开包装。"他家和幼儿园在同一个小区，偶尔会遇见，每次遇见，他都会向我敬个礼，然后说一声："嗨！园长叔叔，大汽车。"

那么，**如何让孩子享受实现梦想、达成目标的快乐和成就感呢？**

当你问孩子有什么梦想时，孩子都能说出一二三，但小孩子的梦想往往是天马行空的，因为他们想象力丰富，你要认真引导，让孩子的梦想慢慢落地，把大梦想化成小梦想，一个一个去实现。

第一步，向孩子解释什么是梦想？梦想就是我想要得到的东西；我想要做的事情；我长大后想成为什么样的人。"长大后想成为什么样的人"是大梦想，是学习、成长的方向和动力，"我想要得到的东西；我想要做的事情。"是具体的、落地的小梦想、阶段性目标。

第二步，孩子了解了什么是梦想之后，引导孩子确立人生的大梦想——长大后想成为什么样的人。这个大梦想确立好后，和孩子一起想象将来实现梦想的样子，陪孩子一起把未来的形象画出来。孩子的大梦想会随着年龄和接触的环境不断变化，这很正常，一般到小学三四年级以后，孩子的大梦想会逐渐清晰。

少儿阶段是孩子观念的形成期，是人生梦想的形成期，这一阶段确立的梦想会深入孩子的内心，影响孩子的一生。你要认真观察、了解孩子的天赋、兴趣和爱好，引导孩子确立人生大梦想。

第三步，要让孩子知道，梦想不是说着玩的，是要去努力追求的，在实现梦想的路上会有千难万险，但一定要用自己的聪明才智千方百计地去实现它。从现在起要学会为实现梦想做计划，并在实现梦想的实践中不断修正。比如，孩子的梦想是长大后成为一名企业家，那么，你要和孩子一起想象一下，要想实现成为一名企业家的梦想，要学习哪些知识，做哪些事情，要付出哪些努力，可能会遇到哪些困难，要如何解决这些困难。想好后和孩子一起记录下来。暂时能想象出多少就写多少，在孩子不断成长和实践中慢慢去完善，久而久之，孩子会慢慢掌握规划未来的能力，让孩子能够"看见"自己的未来，"看见"未来的自己。

第四步，有了大梦想，要把大梦想化成小梦想，化成成长过程中各个阶段的小梦想、阶段性目标。告诉孩子大梦想是从一个一个小梦想长大的，把大梦想变成每学期、每个月、每周的小梦想。

如何教孩子确立小梦想呢？

确立小梦想要遵循**四个原则**，即"**看得见，摸得着，可量化、能实现**"。

"**看得见，摸得着**"，小梦想应该是一个一个具体的实物或小事情，比如，一套书、一个玩具、数学考一百分。确定好之后，让孩子画在梦想相册里。

"**可量化**"，就是可以用时间、金钱的数量或其他的方法来衡量。"可量化"之后，才知道怎么做，这样，慢慢培养孩子的执行能力，让孩子感觉到只要每天付出一点点，实现梦想就会变得容易。比如一套书，价格200元，可以用金钱来衡量，要想三个月后实现这个小梦想，每天为梦想储蓄2元零花钱就可以了；如果是数学考一百分，那么，可以计划一下，每天花在数学上的时间是多少，每天做多少道题，可以用时间和做题的数量来衡量。

"**能实现**"，小梦想到期一定要实现，让孩子有成就感、成功感、快乐感，不断提升自信心。实现小梦想的时间可以是一个月、一季度、一学期。不能太短，否则，缺乏等待和付出感；不能太长，否则，会打消孩子的兴趣和积极性。

　　小梦想和大梦想不一定有内容上的联系，小梦想目的是训练孩子做事有目标、有计划、有行动、有结果的思维习惯、行为习惯和意识，培养孩子的目标感。

　　如何培养孩子的目标感呢？

　　1.确立目标（小梦想）。比如，孩子想要一个价值是 300 元的玩具，那么，目标就是××玩具，价格 300 元。

　　2.确定达成目标（实现梦想）的时间。比如，三个月达成目标。

　　3.分解目标。总目标：价值 300 元/3 个月；月目标：100 元/月；周目标：25 元/周；日目标：4 元/天。

　　4.目标计划。每天储蓄 4 元，其中节省 2 元零花钱，家务劳动报酬 2 元。

　　5.执行计划。制作一个周记录表，每周计算一下已经储蓄多少钱，离达成目标还差多少钱，已经过去了几周（月），距离达成目标还有几周（月）。这样孩子对目标本身，达成目标的时间、达成目标所需的付出都能做到胸有成竹，这就是目标感。

　　6.达成目标。达成目标时要给孩子举行一个小仪式，让孩子说一说达成目标、实现梦想的过程和感受。每实现一次小梦想，孩子都会获得一次成就感和成功感，会增强学习和做事的动力和能力。

　　第五步，把梦想相册放在孩子每天能看到的地方。每天看到梦想，梦想就会悄悄给孩子力量，让梦想和孩子一起长大。

　　建议你和孩子一样，制订一个你的、和孩子同步的小梦想，一起完成梦想相册，一起实现梦想，陪孩子一起成长。

　　下面给你提供一个《梦想相册》模板，你可以和孩子一起制作梦想相册。

我的人生大梦想

实现梦想的我（画出来）

我是：

我将来要成为：

我将来要做的事情：

1. _____

2. _____

3. _____

4. _____

5. _____

6. _____

确立梦想的时间：　　年　　月　　日

实现梦想的时间：　　年　　月　　日

监督人：_____

签字（按手印）

我的小梦想

我心中的小梦想（画出来）

我是：

我的梦想是：

实现梦想的计划：

1. _____

2. _____

3. _____

4. _____

5. _____

6. _____

确立梦想的时间：　　年　　月　　日

实现梦想的时间：　　年　　月　　日

监督人：_____

签字（按手印）

我的梦想照片

爸爸心中的梦想（画出来）

爸爸的小梦想

我是：

我的梦想是：

实现梦想的计划：

1. _____
2. _____
3. _____
4. _____
5. _____
6. _____

确立梦想的时间： 年 月 日

实现梦想的时间： 年 月 日

监督人： _____

签字（按手印）

妈妈的小梦想

妈妈心中的梦想（画出来）

我是：

我的梦想是：

实现梦想的计划：

1、_____

2、_____

3、_____

4、_____

5、_____

6、_____

确立梦想的时间：　　年　　月　　日

实现梦想的时间：　　年　　月　　日

监督人：_____

签字（按手印）

梦想记录

你可以在这里记录下实现梦想过程中的体会、感悟、幸福、快乐，遇到的困难、挫折以及解决的办法。

成长计划

任何生命都有一个成长的过程。成长就是走向成熟，完成大自然赋予生命的价值和意义。任何生命的成长都有一个方向，有一个目的，比如植物，最后它要开花结果，把自己的基因传承下去；动物，最终要性成熟，要能够繁衍后代，延续种群。

人的成长方向、成长目的是适应社会、保护自己、获得幸福、实现人生价值。

无论是动物、植物，还是人，成长都离不开环境。环境决定成长的质量和方向，决定未来的发展，决定未来会成为什么样子。一粒种子，如果有一个土壤肥沃、阳光、空气和水都非常适宜的环境，那么，它会成长得很快，果实累累，种子饱满。反之，如果土地贫瘠，干旱少雨，那么，它会成长缓慢，干瘪枯萎，甚至不能开花结果，半路死亡。如果一个动物，成长得不好，体格不够强壮，在种群中连繁衍后代的权利都没有。孩子的成长环境首先是家庭，成长的内涵更多的应该是一个人的观念、思维、能力和习惯，而不仅仅是知识。一个家庭的经济条件不是孩子成长的决定性因素，父母的观念、思维和习惯以及教育理念和方法才是孩子成长的决定性因素。

我特别喜欢《颜氏家训·教子》中的一句话，分享给你。"骄慢已习，方复制之，捶挞至死而无威，愤怒日隆而增怨，逮于成长，终为败德。"

成长不仅是身体上的成长，更是知识的增加、能力的提高、智慧的增长。能力和智慧不仅来源于书本和课堂，更来源于生活和实践，所以，你应该让孩子在业余时间、节假日参与更多的生活实践和社会实践。建议你给孩子制订一个合适的《成长计划》，可以包括感恩计划、慈善计划、阅读计划、体育锻炼计划、社会实践计划、节假日活动安排计划等，比如，公益活动、冬夏令营、做一点小生意。通过《成长计划》有计划地安排孩子的业余时间，让孩子在学习和生活中有期待、有等待，感受生活的快乐和意义。

下面给你提供一个《成长计划》模板，供你参考。

感恩计划

用点滴的心去品味生活，用感恩的心去环视周遭。

我感恩的人	事项	日期	礼物	费用	爱心计划
例如妈妈	生日	1月1日	一束鲜花	50元	每周爱心储蓄罐3元
例如老师	教师节	9月10日	暖宝宝	30元	每周爱心储蓄罐2元
例如奶奶	重阳节	10月25日	陪奶奶爬山		写一张提示贴，贴在房间里

合计： 　　元

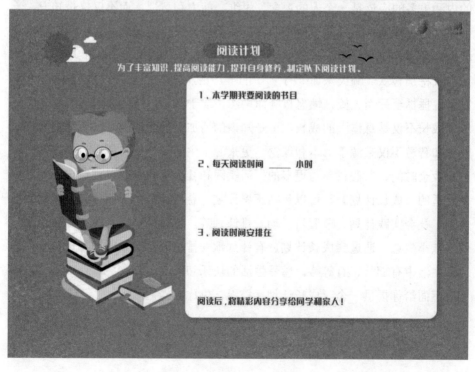

阅读计划

为了丰富知识，提高阅读能力，提升自身修养，制定以下阅读计划。

1、本学期我要阅读的书目

2、每天阅读时间 ＿＿＿ 小时

3、阅读时间安排在

阅读后，将精彩内容分享给同学和家人！

健身计划

多运动，身体棒，有精神，学习好，不吃垃圾食品，作息有规律。

1、周一-周五 早上运动半小时
2、周六踢足球一小时

例

社会实践计划

经历是人生一项宝贵的资产。

活动名称	实施时间	活动地点	合作伙伴	活动内容

时间管理

　　小孩子普遍缺乏时间观念，因为我们成人多是用抽象的方式向孩子传递时间概念，比如，孩子吃饭慢，做作业慢，你会对孩子说："吃点儿饭半小时吃不完。""你怎么这么慢，这么简单一道题 10 分钟还做不完。"孩子对 10 分钟、20 分钟、半小时能够完成什么任务心里根本就没有数，所以，在我们成人看来孩子就没有时间观念，其实这不是孩子的错，他们只是没有达到我们成人的标准。

　　那么，如何培养孩子的时间观念呢？

　　对于孩子来说，时间首先是情绪概念，就是我前面说的延迟满足、等待等。延迟满足和等待表象是时间的延迟，但实质是孩子感知和控制自己情绪的变化过程；其次，时间是具体事件，孩子只有感知和把握具体事件与时长和时点的对应，才能理解什么是时间，才能建立时间概念和时间观念。

　　即使你觉得孩子没有时间观念，做事慢，也不要否定孩子，总是说孩子慢。

你要了解孩子做什么事情用多长时间，同时也要让孩子知道自己做什么事情用多长时间，然后，教孩子方法，不断鼓励孩子做事越来越快，越来越好，慢慢提高孩子做事的专注力和效率。

要给孩子充分的运动、玩乐和自主的时间，保持孩子愉悦的情绪，这样孩子才能够更专注，效率更高，不要让孩子一直做他不喜欢做的事情，要劳逸结合、张弛有度。时间管理管的不是时间，而是情绪，再深度一点儿说，时间管理其实管的是自己的能量，身心的能量。我们成人都有这样的感觉，当你心情愉快，做喜欢做的事情时，你会觉得时间过得很快，效率很高。比如，你专心工作时，会觉得时间过得飞快；再比如，谈恋爱的时候，和心爱的人一起，你会觉得时间过得更快，这就是"时间相对论"。

不要以你的时间概念为标准衡量孩子，因为你是成人，孩子的能力跟你比相差太大。同样一件事儿，你做需要 1 分钟，但孩子可能需要 10 分钟，所以，你必须了解孩子和你的差距。

下面给你提供一个时间管理模板，和孩子一起制订一日学习、生活流程。

自我管理日志

自我管理就是养成有规律，有节奏的学习和生活习惯。

时间	任务	周一			周二			周三			周四			周五		
		完成	奖励	未完成	完成	奖励	未完成	完成	奖励	未完成	完成	奖励	未完成	完成	奖励	未完成
(钟表)																
(钟表)																
(钟表)																
(钟表)																
(钟表)																
(钟表)																
(钟表)																
(钟表)																

奖励合计（周一至周五）：

自我管理日志

人生重要的不是所站的位置，而是所朝的方向。

时间	任务	周四			周五		
		完成	奖励	未完成	完成	奖励	未完成
⏰							
⏰							
⏰							
⏰							
⏰							
⏰							
⏰							
⏰							
奖励合计（周六周日）：		奖励总计：					

钱去哪了？

在一次财商亲子活动中，有一位爸爸跟我说："我儿子今年9岁，根本不知道珍惜钱，因为花钱的事我们经常吵架。孩子不知什么时候记住了我支付宝的密码，有一天，我突然发现支付宝有几笔支出，加起来有一万多，是我儿子用我的手机玩游戏买装备和打赏花出去的。气得我打了他一顿，他却是毫不在乎的样子。"

活动结束后，这位爸爸把孩子带到我身边，我问他，玩游戏为什么会花那么多钱，男孩很淡定地说："我喜欢，我高兴。"

我又问他："你的钱从哪里来的？"男孩回答："刷爸爸的支付宝。"

我接着问："你刷钱的时候，没想一下吗？那么多钱，一下子就花出去了？"男孩回答："不想啊，我喜欢就买道具，然后就打赏呗。"

我说："可是爸爸妈妈挣钱很辛苦的。"男孩的回答让我和他的爸爸哑口无言，"很辛苦吗？我没感觉呀。"

我接着问他："你知道一万块钱意味着什么吗？"男孩回答："啥意思？我不懂。"

我说："一万块钱是你爸爸和妈妈一个月辛苦工作换来的收入，是你们一家人一个月的生活费呀。"男孩回答："是吗？我不知道。"

很多父母会问："我辛辛苦苦赚的钱，他居然如此挥霍，难道他不知道爸妈赚钱的辛苦吗？"

孩子还真的不知道。因为，孩子没有生活的体验和感受。

我们的教育缺失的一个重要方面，就是孩子压根儿就没有金钱意识，不知道钱从哪里来，钱到哪里去。在孩子的眼中，金钱就像是一种玩具，一张可以随意摆弄的纸，一串串变动的数字，完全忽略了金钱背后的劳动付出。很多孩子花钱大手大脚，其实这不是铺张浪费，因为在孩子心中，根本就没有浪费这个意识，没有金钱观念。

针对这位爸爸的情况，我们又做了一次亲子活动，让孩子扮演一次家长，管理一个月的家庭收支。参加活动的家庭准备好一个月的家庭支出清单和一个月的收入（现金）。

活动一开始，我从兜里掏出一万元现金问道："这是什么？"孩子们大声喊道："钱。"

"这是一万元钱，给你们要不要？"孩子们兴奋极了，直嚷嚷"要，要，要。"

"一万元钱能干什么？"大多数男孩是好吃的、好玩的，女孩多是给爸爸妈妈。

我接着说："这一万元钱不是给你们自己花的，是给你们一家人花的。这一万元钱是你们家一个月的生活费，今天你们每个人都是一家之主，一万元钱归你们管。"孩子们听了又是一阵兴奋。

"接下来，你们要和爸爸妈妈一起规划一个月的家庭支出。请在场的爸爸妈妈拿出你们一个月的收入给孩子。"

孩子们一看真给这么多钱，高兴极了。

我接着又问："一万元钱多不多？""多""够不够？""够！"

"好，请爸爸妈妈拿出你们家的消费清单，让孩子们看看一万元钱多不多，够不够。"

爸爸妈妈每说出一项支出，孩子就数出来放进旁边的盒子里（每个家庭自制的一个小纸盒）。开始的时候，孩子们手里拿着这么多钱，情绪高涨，但随着一笔一笔开销的支出，手里的钱越来越少，吵闹声也越来越小，兴奋的情绪渐渐没有了。有的孩子悄悄对妈妈说："妈，钱不够了。"

支出结束后，我再问孩子们"一万元钱多不多？够不够"，有的孩子不言语了。

我接着问："如果这一万元钱打游戏花掉，会怎么样？"

有的孩子说："全家人都会挨饿的！"

活动结束后，我把那个男孩拉到一边，我问男孩："你现在知道一万元钱意味着什么了吗？"男孩没有回答我的问题，转身面向墙壁，用脑袋顶着墙壁，过了一会儿，转身拉着爸爸的手，说："爸爸，我们回家吧！"

他虽然没有回答我的问题，但他一定知道了一万块钱意味着什么。

你可以模仿上面的过程做一次亲子活动，注意观察孩子的情绪变化，钱花完了，让孩子说一说感受，给孩子讲一讲自己一个月要做哪些工作，要付出多少时间、多少努力才能赚到这些钱。让孩子对钱的认知从零花钱上升到家庭收支，不能让孩子对金钱的认知只停留在自己的零花钱上，要不断拓展孩子对金钱认知，了解和体验更多有关金钱方面的事情。

多数家庭中，父母往往是孩子的"提款机"。给孩子"饭来张口，衣来伸手"的生活，很少与孩子谈论关于金钱的事，更多关注孩子的健康和学习，甚至将学习成绩的好坏视作衡量孩子优秀与否的最重要标准。在孩子心中，钱就是用来花的，是满足自己欲望的一个工具，究竟钱在生活中有多大用途，有多么重要没有概念。

由于对金钱在生活中重要性的不了解，孩子很难感知爸爸妈妈赚钱的不易，也不会珍惜金钱，认为爸爸妈妈给钱是天经地义的，不给是不对的。

孩子真正了解了金钱在生活中的作用和重要性，才不会乱花钱，不会去攀比。一个孩子对金钱的掌控能力决定了将来他会过什么样的生活，成就什么样的事业。

种下金钱的种子

孩子上学后，开始有零花钱，开始独立使用钱，这时我们一定要让孩子知道，钱不仅仅是用来花的，用来满足自己的需要和想要的，钱还可以生出更多的钱。种子种下去会结出更多的果实，钱就像种子一样，种下去也会生出更多的钱。

凡是参加财商课程的家长我都会让他们做这样一件事——让孩子向父母贷款，父母向孩子贷款，体验种下金钱的种子，感知什么是钱生钱，从小建立投资意识。

有一位爸爸跟我讲，他的孩子五年级，有一天，他发现孩子的书包里有很多钱，远远超出爸爸妈妈给他的零花钱，他以为是孩子偷了家里的钱或是偷了同学的钱，非常严肃地质问孩子钱是从哪里来的。孩子很害怕，支支吾吾不想说，在他的一再追问下，孩子说是自己赚的，他不相信，问孩子是怎么赚的，孩子说他把自己的零花钱借给同学，借 10 块还 15 块。爸爸认为孩子是在"放高利贷"，是一种不好的行为，问我应该怎么教育孩子。我问这位爸爸知不知道洛克菲勒，他说好像听说过。我说洛克菲勒是美国的石油大亨，是世界上第一个亿万富翁，洛克菲勒 10 岁的时候就把自己积攒的钱借给别人收取利息，你的孩子有和洛克菲勒一样的思维和经历，你认为你的孩子做得对还是错呢？他的表情既高兴又有些担忧。我说，我们不要用成人的思维和标准评判孩子，天才都是这样被扼杀的。这位爸爸听了，哈哈大笑。我建议他让孩子阅读一些财经方面的书籍，孩子有这种投资意识应该好好培养。

那么，如何让孩子了解钱生钱，学会种下金钱的种子呢？

钱生钱是简单的金融常识，应该让孩子早一点儿知道，提升孩子对金钱的认知。

很多孩子都知道把钱存到银行里会得到利息，但只是听父母说，缺乏切身体验。我们可以在生活中让孩子真实体验钱生钱的过程。

孩子有时候想要价格比较贵的东西，而你又不想给他买，或者你想延迟给他买，你就可以用按揭贷款的方式满足他，这样既满足了孩子的要求，又启发了孩子的金融思维。

比如，孩子想要一个 200 元的玩具，你可以这样做：

一、让孩子用他储蓄的零花钱或压岁钱支付一部分，比如 100 元，告诉孩子这叫作首付。

二、剩余的部分 100 元，爸爸妈妈借给孩子，这叫作贷款。

三、制订一个还款计划。比如，每周从零花钱中扣除 10 元，共扣除 12 周（3 个月）。

四、和孩子算一笔账，每周 10 元，12 周共还款 120 元。孩子一定会问，为什么借 100 元要还 120 元，多还 20 元。这时你可以告诉孩子，100 元叫作本金，20 元叫作利息，这就叫作"钱生钱"是借钱的代价。

五、约定玩玩具的规则——玩玩具要经过爸爸妈妈允许。孩子又会问为什么，你可以这样向孩子解释，因为你买的玩具有一部分钱是从爸爸妈妈这里借的，不是你独立购买的，所以，在你没有还完爸爸妈妈的钱时，爸爸妈妈有控制你玩具的权力，有权约束你玩玩具的时间，这叫作抵押贷款。

如果你家里有按揭贷款购买的物品，如房产、车子等，你可以拿出相应的条款向孩子进一步解释什么是抵押贷款。

六、让孩子钱生钱。你可以让孩子将他储蓄的零花钱或压岁钱借给你，然后制订一个还款计划，计算出本金、利息和还款时间，让孩子观察和感受钱生钱的过程。在这个过程中让孩子感受钱生钱是需要时间的，是需要耐心和等待的。

社会实践——生存挑战

财商教育离不开社会实践，我经常带孩子们做"一元生存挑战"。参加挑战的孩子每人手里只有一元钱，不许带手机，不许寻求亲人的帮助，只能通过自己或团队合作赚钱解决中午饭，如果能节省下来钱，给妈妈买一件小礼物。

活动的目的是让孩子体验赚钱的快乐与辛苦，挑战孩子的勇气和自信，考验他们的想象力和创造力，感受爸爸妈妈赚钱的辛苦。

每次进行一元生存挑战，参加活动的家长多数都说不可能，一元钱能干什么呀？孩子们肯定会饿着肚子回来，可是，孩子们听说要去赚钱都特别兴奋。结果每次都出乎家长们的意料，有的孩子两个小时赚了五十多块钱，有的团队（6个人一组）三个小时赚了两百多。孩子们不但吃到了中午饭，而且还给妈妈带回了小礼物，让妈妈们特别感动。很多家长对自己的孩子产生了疑问，"我的孩子这么厉害吗？""我的孩子有这个能力吗？我怎么没看出来？""这是我们家孩子能干出来的事吗？"

只要我们给孩子创造机会，孩子们的想象力和创造力会超出我们的认知。

下面我把发生在孩子们身上的几件事情分享给大家，建议你们一家人一起做生存挑战。如果能够组织几个家庭共同进行效果更好。

在生存挑战活动中，我们会把不同年龄的孩子分在一组，年龄差最大的一次是在广州的夏令营，最小的5岁，最大的大一，每组由一位老师和一位家长带领。在面对共同的挑战——吃到中午饭时，孩子们的团队意识和分工协作的能力得到了充分的体现。两名有才艺的孩子通过才艺展示赚钱，把赚到的钱给其他孩子去买矿泉水、饮料和其他小商品，然后再卖掉，他们一共赚了两百多块钱。5岁的小男孩累了，大一的大哥哥就抱着小弟弟，为了节省钱给爸爸妈妈买礼物，他们决定中午只吃泡面，但所有的人都同意给5岁的小弟弟吃汉堡。当爸爸妈妈得到孩子们的礼物，听孩子们分享一天的经历和感受时，都感动得热泪盈眶。

在义乌商贸城举行的一次生存挑战中，挑战结束集合的时候，有一个小男孩不见了，我和老师都很紧张，以为孩子忘记了集合地点，正在我们想分头去找时，小男孩满头大汗地跑回来。老师问他为什么掉队，为什么不按时集合，小男孩说出原因后，大家都乐得不行了！他说，为了卖掉最后一瓶矿泉水，他跑回家，把最后一瓶矿泉水卖给了他奶奶。哈哈，为了能够赚到钱连奶奶都不放过，充分发挥出了想象力和创造力。

在沈阳的一次生存挑战中，有一名五年级的小男孩，个子很高，长得很帅，学习非常好，每次考试都是班里的第一名。挑战结束回来，见到妈妈和奶奶放声大哭，原来他在挑战中一件商品没卖出去，一分钱没赚到，自尊心受到了伤害。奶奶看到孙子受到了这么大的委屈很不高兴，指责带队老师说："我带孩子高高兴兴来参加活动，你们把孩子弄成这样，你们要负责。"我大声质问这位奶奶："是现在我把孩子弄成这样好，还是将来让社会把他弄成这样好？"孩子的妈妈非常赞同："蒋老师，你说得太对了，遇到一点挫折就这个样子，学习再好有啥用？以后一定要让孩子经常参加这样的活动。"后来这个小男孩参加了多次社会实践活动。有一次，他说他会吹葫芦丝，他吹葫芦丝招揽客户，然后每个人赚到的钱都分他百分之十，结果，那次活动他赚到的钱最多。

为了挑战成功，孩子们能够跳出"一元钱"的思维限制，想出的办法很多。有的孩子去饭店打扫卫生换团队的中午饭，有的孩子去帮人发广告赚钱，有的孩子把一瓶矿泉水卖到 20 块钱，有的孩子展示才艺赚钱……

有一次，我带的一个团队中有一个胖胖的、特别可爱的小男孩，二年级。性格内向，胆小，有点缺乏自信。同组的小伙伴都去赚钱了，他一直跟在我身后，我把一瓶矿泉水给他，让他想办法卖掉，他摇摇头说不敢。我说我教你怎么卖，如果你能卖掉，卖多少钱我再奖励你多少钱，他还是摇头，我没有勉强他。我们一边走我一边教他怎么和陌生人打招呼，怎么和陌生人沟通，让他不断重复我的话，看他记得差不多了，恰好走到一个店铺的门口，我鼓励他进去，他犹豫了一下，胆怯地走了进去，不到十秒钟红着脸出来了。我安慰他说："没事，我知道你卖不掉，谁也不能第一次就成功，但你敢进去就已经成功一半了。"在我的鼓励下，他又进了几个店。每次我都给他加油鼓劲儿，帮他总结经验，他感觉越来越有信心了。他走进了第五个店，大概过了四五分钟的时间，他突然从店里蹦出来，拼命地摇着手里的 5 元钱，大声喊着："我成功了，啊！我成功了！"那一刻，我看到孩子的表情特别绽放，我能感觉到那种从他内心发出来的成就感和自信。拉着我去找他同组的小伙伴，把剩下的几瓶矿泉水全都卖掉了，一个人赚了 25 元钱。

孩子有了这样的经历和体验，对金钱的认知，对爸爸妈妈赚钱辛苦的感受，对团队、合作的理解，对自信的建立，对想象力和创造力的发挥，对爸爸妈妈的感恩，胜过我们一百遍一千遍的说教，生存挑战是对孩子综合素质的考验和锻炼。

快带孩子去挑战吧！

社会实践——小生意

在前一部分我已经建议你带孩子去摆地摊，不知你有没有做，不做也不要紧，从现在开始也不晚。孩子已经上学了，无论是认知能力还是动手能力，他们都已经有了很大提高，从现在开始，我们把摆地摊升级为小生意。生意虽小，但它包含了商业活动的所有环节，孩子可以掌握商品流通的基本逻辑。

具体步骤如下：

一、先从孩子的视角探讨一下什么商品好卖，在什么地方好卖。让孩子想一想、说一说，他认为什么商品好卖？应该在哪里卖？为什么？然后，记录下列商品的名称。

二、和孩子一起去调查一下这些商品的市场价格（零售价），并记录下来，比如商场、小超市、学校门口的文具店、小摊位。

三、带孩子去批发市场或网上调查一下这些商品的价格（批发价），并记录下来。

四、探讨购进哪些商品及数量，计算投资金额。

五、探讨商品的出售价格，制作价格标签。

六、选择摆摊的地点和时间。

七、制作、打印下面的表格，装订成账本，做好记录，让孩子对自己的生意做到心中有数。强烈建议你，让孩子将小生意持续做下去，一周一次或两周一次，不断培养孩子的商业意识和商业敏感力。开始的时候，孩子对表格的内在逻辑搞不懂，你要替孩子填写，并耐心向孩子解释，用所做的事情的过程进行解释。

日期	商品名称	买入价格	买入数量	投资总额	卖出价格	卖出数量	卖出总额	剩余数量	剩余总额	收入总额	利润

建议：不要用成人思维过多干预孩子的想法，启发孩子主动探究。

我的经验告诉我，孩子们天生具有赚钱能力和商业敏感力，他们对商品、市场、目标客户、销售技巧的理解远远超出我们成人的认知。在一次财商夏令营中，我带孩子们做了 3 天小生意。下雨了他们去卖伞，天热了卖水和饮料，见到小情侣卖发卡，见到妈妈带小孩卖玩具。孩子们讨价还价的能力很厉害，有的孩子还会买一赠一，买一个发卡赠一瓶矿泉水。如果你能够让孩子从一年级做到六年级，那么，你的孩子就有机会成为商业天才。

Part 5　儿童财商教养法（8~10岁，三、四年级）

一、二年级我们以孩子最熟悉的零花钱为切入点，培养孩子对金钱的初步认知及其管理和使用金钱的能力，从而养成孩子良好的消费习惯和消费观念。针对三四年级的孩子，我们以培养孩子简单的经济学思维为主。三年级以后，孩子的抽象思维能力、逻辑思维能力、理解能力、独立思考能力、对社会现象的认知能力都有了质的飞跃，认知水平到了一个新的高度，是培养孩子复杂思维和理解真实社会能力的良好时期。首先，我会把看似复杂深奥的经济学概念通过孩子熟悉的现象生活化，以孩子能够理解的方式建立几个概念；其次，通过概念建立孩子最基础的思维。

思维是通过概念来构建的，概念是对日常现象的总结与提炼。

根据我的教学经验，在这部分我设计了如下主题：

买车还是买车位？——资产与负债。理解资产与负债的概念；能够分析、判断生活中常见的车子、房子、手机、玩具等是资产还是负债；能够理解资产与负债是同一个东西。

要钱还是要赚钱？——资本利得与现金流。理解资本利得与现金流的概念，学会选择资本利得和现金流。

一个人和一群人——风险与保险。理解投资有风险；了解什么是保险；如何规避风险。

写作业与玩手机——需要与想要。认识金钱的价值；学会把握需要与想要；学会如何更有价值地使用金钱。

买入与卖出——投资思维。能够用资产与负债、资本利得与现金流、风险与保险、需要与想要等概念分析、处理生活、学习中的事情，初步构建财商思维。

买基金还是买股票？——常见的投资工具。了解储蓄、基金、股票、债券等投资工具的概念及常识，建立投资意识和风险意识。

"冰雪奶茶"——成本与利润。了解几个简单的成本概念；学会计算成本和利润；学会控制成本、提高利润；建立成本意识和成本思维。

文具店和奶茶店——沉没成本和机会成本。掌握沉没成本和机会成本的概念，能够用沉没成本和机会成本的思维做出适当的选择。

社会实践——投资体验。尝试投资基金和股票，感受风险与收益，锻炼投资能力。

社会实践——高档餐厅与快餐店的区别。观察、对比不同档次餐厅的区别，感知经营模式；理解平效、翻台率、服务等概念。

社会实践——给妈妈过生日。学会合理规划，使用有限的资源创造最大的幸福感，提升家庭责任感。

社会实践——假期打工。建立钱是用劳动和付出换来的观念；认识什么叫作"血汗钱"。

社会实践——小生意升级。学会用有关成本的知识计算小生意利润。

买车还是买车位？——资产与负债

对于多数普通人来说，财务知识是盲区，缺乏理性的投资思维，甚至生意人财务仍然是盲区。在财务知识中，有几对非常关键的概念，比如，资产与负债、资本利得与现金流、投资与风险、需要与想要。其中，"资产"与"负债"的概念对于我们建立财务知识和财商思维非常关键。日常生活中，几乎所有的东西都可以分为两类：一类是资产，一类是负债。《富爸爸穷爸爸》这本书之所以畅销20多年，很重要的一个原因是书中对"资产"与"负债"等概念给出了一个简单而又深刻的解释，让没有接受过财务知识的读者豁然开朗。

那么，我们**如何让孩子理解并建立"资产"与"负债"的概念呢？**

我在教学中是这样与孩子们一起探讨的，首先我向孩子们提出一个问题：如果现在你有20万，是买一辆20万的车，还是买一个价值20万的车位？

孩子们的答案几乎都是买车。他们认为有一辆车会更方便、更好玩、更帅气，没有车位可以停在路边，可以花钱租车位，可以停在自家的院子里。

接下来我继续与孩子们讨论：有了车是不是要加油？

孩子：是滴！车不能加水呀！加水，车也不能走啊！

我：加油需不需要花钱？

孩子：当然需要花钱。

我：买了车需不需要买保险？

孩子：需要。

我：买保险需不需要花钱？

孩子：当然需要花钱了。

我：车需不需要维修和保养？

孩子：需要。

我：维修和保养需不需要花钱？

孩子：当然需要。

我：车脏了要不要洗车？

孩子：要，有时候我爸爸自己洗。

我：洗车要不要花钱？

孩子：要，不花钱谁给你洗呀！

我：租车位需不需要花钱？

孩子：需要。

我：好，那么，请同学们总结一下，花钱买车以后还有哪些钱需要花？

孩子：加油、保险、维修、保养、停车费、洗车。

我：有了车以后，是不是每个月有很多钱要花出去？

孩子：是滴！

接下来与孩子们讨论车位的问题。

我：如果你买了车位会怎样？

孩子：没有车，买车位有什么用啊？

孩子：老师，老师，我知道了，车位可以租出去。

孩子：哈哈！你买车，我买车位，我把车位租给你，你花钱，我赚钱。

于是，我拿出手机，查找出租车位的价格给孩子们看，价格在一般在300~600元/月。

我：现在，请同学们想一想，如果你有20万，是买一辆20万的车，还是买一个价值20万的车位呢？

这时，有的孩子开始改变主意了，我接着问为什么？

　　有的孩子还是认为有车好；有的孩子认为：买了车以后要花更多的钱，买了车位以后可以赚钱，所以，要买车位，不买车。

　　我：如果你花 20 万买了车，你会为加油、保险、维修、保养、停车费、洗车等，每个月会多花出去 2,000~3,000 元，那么，每年会多花去多少钱？（让孩子计算）24,000 元~36,000 元；如果你花 20 万买一个车位，每个月出租可以赚 300~600 元，那么，一年可以赚多少钱呢？（让孩子计算）3,600 元~7,200 元。

　　算完账之后，孩子们基本都改变了主意。

　　接下来和孩子们讨论贬值和折旧的问题。

　　我：如果你花 20 万买了一辆车，第二天你觉得不喜欢，想卖掉这辆车换另一个品牌的车，这辆车还能卖到 20 万吗？

　　孩子：能。我刚刚买的，还没有用，怎么不能卖 20 万？

　　孩子：不能，不能。你刚刚买的也不能卖 20 万，人家会认为你的车有问题，不会给你 20 万的。

　　我：对，不能卖 20 万了。一旦你从 4S 店把车开出来，就卖不到 20 万了。因为，车一到你手里就会贬值。

　　孩子：老师，贬值是什么意思？

　　我：贬值就是商品价值降低了，不如原来值钱了。

　　我继续问：如果这辆车你开了一年以后卖，会卖到 20 万吗？

　　孩子：卖不到；15 万、10 万；没人买，人家有钱会买新的。

　　我：如果你开了 10 年以后再卖，能卖到 20 万吗？

　　孩子：那更不能了。

　　我：为什么呢？

　　孩子：10 年车都开坏了，谁还要啊。

　　孩子：车变旧了，越来越不值钱了。

　　我拿出手机，查了一下 20 万的车 10 年后值多少钱，然后给孩子们看。20 万的车 10 年后大概在 10 万以下，八九万。（保守估计）

　　我：如果我们按 10 年后这辆车可以卖 10 万算，那么，10 年时间这辆车贬值了多少钱？

　　孩子：10 万。

我：对。这辆车因为一年一年变旧了，所以，由原来的 20 万变成了 10 万，贬值了 10 万。由于车变旧，变得不值钱了，这叫作折旧。那么，10 年折旧了 10 万，每年折旧多少钱呢？

孩子：1 万。

我：好，那么，请同学们算一算，你花 20 万买了一辆车，10 年你一共损失了多少钱？

孩子：10 万。

我：再加上你十年因为车而花出去的钱，一共是多少钱呢？

带着孩子一起算：按每个月花出去 2,000~3,000 元，一年花出去 24,000~36,000 元，十年花出去 24 万~36 万元，所以，你花 20 万买了一辆车，10 年时间你一共损失了 34 万~46 万元。

孩子们对这个结果有点意外，会花这么多钱吗？

接下来我带孩子们算买车位的账。

我：如果你花 20 万买了一个车位，10 年后会怎么样？

带孩子一起算：每个月出租可以赚 300~600 元，那么，一年可以赚 3,600 元~7,200 元，10 年可以赚 36,000 元~72,000 元。

孩子：赚得有点少。

我：车卖了会贬值，车位卖的时候会贬值，还是会升值呢？

孩子一致认为：车位会升值。因为，车越来越多，需要车位的人也会越来越多。

我：好。那么，如果现在你有 20 万，是买一辆 20 万的车，还是买一个价值 20 万的车位呢？

孩子们一致同意买车位，不买车。我问他们为什么。

孩子们说：车太费钱了，车位还能赚钱。

讨论到这里，引出"资产"与"负债"的概念。

像"车位"这样，把你的钱越变越多的东西，叫作资产；像"车"这样，把你的钱越变越少的东西，叫作负债。

我：那么，如果你有钱了，是买资产？还是买负债呢？

孩子：买资产。

通过这样与孩子们讨论，孩子们对"资产"与"负债"有了比较深入的理解。

当孩子理解了"资产"与"负债"的概念后，让孩子分析、判断生活中常见的物品哪些是资产，哪些是负债。

我掏出手机让孩子们讨论：手机是资产还是负债？

孩子：手机是负债。因为，手机会让我的钱变得越来越少。买手机要花钱，每个月还要交手机费。

孩子：手机就是我爸爸的负债，因为他天天打游戏，打游戏花很多钱。

孩子：手机是资产。因为我妈妈用手机开店，手机让我妈妈的钱变多。

孩子：如果用手机玩游戏，它就是负债，因为要交更多的手机费，玩游戏也要花钱；如果用手机打电话做生意赚钱，它就是资产。

孩子：手机就是负债，因为玩手机时间久了伤害眼睛，配眼镜要花钱。

总结：有的同学认为手机是资产。如果用手机开店、打电话做生意，那么，手机是让我们的钱变多的东西，是给我们带来钱的东西，所以，手机是资产；如果用手机玩游戏，那么，手机是让我们的钱变少的东西，是把我们的钱带走的东西，所以，手机是负债。同样一部手机，怎么会又是资产又是负债呢？

孩子：看你用来干什么。

我：哦！原来是这样，同样一个东西用途不同决定了它是资产还是负债。那么，你想让手机成为你的资产还是负债呢？

孩子：资产。

我：那你有没有办法让你爸爸的手机变成资产呢？

孩子：我回家后让我爸爸不玩游戏，让他用手机赚钱。

我：有的同学说手机是爸爸的负债，因为爸爸用手机玩游戏，手机是让爸爸的钱变少的东西；手机是妈妈的资产，因为妈妈用手机开店，手机是让妈妈的钱变多的东西。那么，为什么同样一部手机在爸爸的手里是负债，在妈妈的手里是资产呢？

孩子：因为他们用手机做了不同的事情。

我：哦！同样一部手机，在有的人手里是资产，在有的人手里就是负债。同样一个东西使用的人不同决定了它是资产还是负债。

我：有的同学说，玩手机时间长了会伤害眼睛，配眼镜要花钱，所以，手机是负债。那么，你们能做到不玩手机吗？

孩子：哎呀！好像不能。

孩子：有点难。

我：那怎么才能做到既玩手机又不让手机成为负债呢？（这个问题孩子们感兴趣）

孩子：玩游戏的时候，手机一定是负债。

孩子：你可以玩的时间短一点儿呀。

孩子：我用手机学习的时候，手机就是资产。

孩子：写完作业再玩呀。

孩子：老师，老师，我每天只玩半小时手机。

我：那么，你玩半小时手机后，其他时间做什么？

孩子：其他时间学习、阅读或做别的事情。

我：用手机玩游戏的时候，手机是负债，用来学习的时候手机是资产。同样一部手机，在不同的时间，有的时候是资产，有的时候是负债。

总结：

同一部手机，如果用来开店做生意赚钱，它是资产；如果用来玩游戏，它是负债。用途决定了它是资产还是负债。

同一部手机，如果在妈妈的手里，它是资产；如果在爸爸的手里，它是负债。不同的人决定了它是资产还是负债。

同一部手机，用来玩游戏的时候是负债；用来学习的时候是资产。在不同的时间里决定了它是资产还是负债。

同学们有没有发现"资产"和"负债"的秘密？

孩子：老师，我发现了，手机是资产也是负债。

我：对了，原来资产和负债是同一个东西，是由用途、人和时间决定的。

通过对手机的讨论让孩子理解"资产"与"负债"是同一个东西。

我：那么，你们能离开手机吗？

孩子：不能。

我：是的，我们不能离开手机，手机已经是我们生活中的一部分。如果你因为玩手机忘记了写作业，影响了学习，还伤害了眼睛，那么，手机就是你的负债；如果你能够合理使用手机，上网课，查资料，给你带来愉快的心情，让你学习效率更高，那么，手机就是你的资产。爸爸妈妈愿意让你们玩手机吗？

孩子：不愿意！

我：那么，你们想不想爸爸妈妈愿意让你们玩手机，让手机成为你的资产而不是负债呢？

孩子：想……

和孩子讨论到这里，让孩子和爸爸妈妈签订一个《玩手机协议》，让孩子们能够做到合理使用手机。

玩手机协议

甲方（父母）：

乙方（孩子）：

甲乙双方本着相互理解、相互尊重的原则就使用手机一事达成如下协议：

1. 甲方有权规定乙方玩手机的时间、时长及内容；

2. 乙方玩手机超过规定时长，甲方有权终止乙方使用手机，且乙方必须接受；

3. 乙方在规定时间外和超过规定时长时，甲方有惩罚的权力；

4. 乙方有玩手机的权利，但必须在协议规定的时间和时长范围内；

5. 乙方使用手机上网课，查找学习资料及做有益于学习的事情不计算在玩手机的时间和时长内；

6. 乙方减少玩手机的时长或不玩手机，有权获得甲方的奖励；

7. 外出和旅游过程中可以不限制玩手机的时间和时长；

8. 乙方不得用手机观看不健康的内容，否则，甲方有权终止乙方玩手机的权利，并有权给予严厉惩罚。

玩手机的时间和时长：

周	一	二	三	四	五	六	日

接下来我还要让孩子们讨论下面这些问题：

爸爸妈妈是你的资产还是负债？为什么？

你是爸爸妈妈的资产还是负债？为什么？

怎么才能成为爸爸妈妈的资产而不是负债？

你的玩具（如滑板车）是你的资产还是负债？为什么？如何让你的玩具变成资产？

这些问题是我在设计课程的时候没有想到的，都是孩子们在课堂中讨论、探究的结果。孩子们能够通过"资产"与"负债"的概念建立起分析问题、判断问题的辩证思维，能够跳出"资产"与"负债"定义本身，形成一种思想，比如，你是爸爸妈妈的资产还是负债？有的孩子认为自己是爸爸妈妈的资产，因为有我，爸爸妈妈感到幸福快乐，我给爸爸妈妈带来了幸福，所以，我是爸爸妈妈的资产；有的孩子认为自己是爸爸妈妈的负债，因为我花掉了爸爸妈妈很多钱，而且还经常惹爸爸妈妈生气，所以，我是爸爸妈妈的负债。

在探讨这些问题的时候，不要以我们成人的思维找正确答案，只要孩子能够说出道理，拓展思维，提升认知就是最好的答案。

要钱还是要赚钱？——资本利得与现金流

孩子掌握了"资产"与"负债"的概念后，我们和孩子一起来学习与"资产"密切相关的另一对概念"资本利得"与"现金流"。

我们从孩子熟悉的文具店开始。

我：同学们，你们经常在哪里买文具和一些小玩具？

孩子：文具店、超市。

我：你们认为文具店是"资产"还是"负债"？为什么？

孩子：资产，因为文具店赚钱。

我：文具店是谁的资产？

孩子：是文具店老板的资产。

我：你们想不想开一个属于你们自己的文具店？

孩子：想。老师，文具店可赚钱了，一支自动铅笔能卖五十多块钱；我特别想让我妈妈开一个文具店。

我：那你们知道文具店是怎么赚钱的吗？

孩子：就是卖东西赚钱呗。进来的东西价格比较低，卖给我们的时候价格比较高，就是这样赚钱的。

我：对，你们说得对，就是低买高卖。

我：那么，如果文具店每天只能卖出去一支铅笔，能赚钱吗？

孩子：不能。

我：为什么？

孩子：每天只卖出去一支铅笔，那会赔钱的。

我：为什么会赔钱？

孩子：因为有房租、水电费，进货还要花钱。

我：那么，在什么情况下文具店才能赚钱呢？

孩子：赚回来的钱比花出去的钱多的时候，文具店才能赚钱。

我：文具店花出去的钱是花到哪里去了？

孩子：房租、水电费、进货。

我：对，除了房租、水电费、进货，还有税，如果你雇用销售员，还要有工资。这些钱是不是都从你这里花出去，到了别人那里？

孩子：是的。

我：从你这里花出去，从你的口袋里流出去的钱，我们给他起个名字，叫作流出现金流。

我：文具店赚回来的钱是从哪里来的？

孩子：买东西的人。

我：是的。文具店卖商品收回来的钱是不是从别人那里到了你这里？

孩子：是的。

我：别人购买你的商品，流进你口袋的钱，我们给他起个名字，叫作流入现金流。

我：流入现金流是你赚的钱吗？（这个问题，孩子有点不理解）

我：比如，文具店一天要花出去的钱（流出现金流），房租、水电费、税、工资、货款等是 500 元，卖商品收回来的钱（流入现金流）是 300 元，那么这一天，文具店赚钱了吗？

孩子：哦，老师我明白了。"流入现金流"比"流出现金流"多的时候才能赚钱。

我：对，只有"流入现金流"比"流出现金流"多才能赚钱。

我：我们给"流入现金流—流出现金流"起个名字，叫作净现金流。干净的"净"。

当"流入现金流"比"流出现金流"多的时候，我们把这个净现金流叫作正现金流。比如，"流入现金流"是 1,000 元，"流出现金流"是 600 元。

1,000 元－600 元＝400 元。

当净现金流为正现金流的时候，赚钱。

当"流入现金流"比"流出现金流"少的时候，我们把这个净现金流叫作负现金流，比如，"流入现金流"是 300 元，"流出现金流"是 500 元。

300 元－500 元，不够减（＝-200 元），说明这一天你要赔 200 元。

当净现金流为负现金流的时候，赔钱。

（孩子还没有学正负数，所以这个内容要让孩子多思考、理解一下）

我：流入现金流、流出现金流、净现金流，我们给他们起个统一的名字，叫作现金流。

我：同学们还记得什么是资产？什么是负债吗？

孩子：记得。把钱越变越多的东西，叫作资产；把钱越变越少的东西，叫作负债。

我：资产是怎么让我们的钱越变越多的？负债又是怎么让我们的钱越变越少的呢？

孩子：资产能赚钱，负债是赔钱的。

我：是的，资产是能赚钱的东西，资产是以给我们带来正现金流的方式让我们的钱越变越多，是给我们带来钱的东西。比如，你的文具店第一年的净现金流是正 10 万（赚 10 万），第二年的净现金流是正 10 万（赚 10 万）……，10 年后你的钱变多了 100 万；负债是让我们赔钱的东西，负债是以给我们带来负现金流的方式让我们的钱越变越少，是带走我们的钱的东西。比如，你的文具店第一年的净现金流是负 1 万（赔 1 万），第二年的净现金流又是负 1 万（赔 1 万）……10 年后你的钱变少了 10 万。

孩子：哈哈！这样的生意我是不会做的。

我：文具店能够保证每天、每月都赚钱吗？

孩子：不能。放假的时候人很少，肯定不赚钱。

我：是的，任何一项资产都不能保证每天、每月、每年都赚钱。

你的文具店，如果有一天，"流入现金流"是 1,000 元，"流出现金流"是 600 元。

1,000 元－600 元＝400 元。

这一天你的净现金流为正现金流，那么，这天文具店就是你的资产。

如果有一天，"流入现金流"是 300 元，"流出现金流"是 500 元。

300 元－500 元＝-200 元。

这天你的净现金流为负现金流，那么，这一天文具店就是你的负债。

如果我们按月计算，这个月的净现金流为正，那么，这个月文具店就是你的资产；下个月放假，买东西的人少了，净现金流为负，那么，这个月文具店就是你的负债。

我们还可以按年计算，如果一年的净现金流为正，那么，文具店在这一年里就是你的资产，反之，就是负债。

我：同学们发现了什么问题没有？

孩子：有可能是资产，也有可能是负债。

我：是的，同一个文具店，有时候是资产，有时候是负责。资产和负责是不是同一个东西？

孩子：是的。

到这里，孩子们理解了现金流的概念，同时，也明白了资产、负债与现金流的关系。接下来与孩子们探讨什么是资本利得。

我：如果你的文具店，投资 10 万（装修、存货），每年的净现金流是 10 万，也就是每年你可以赚 10 万，那么，这个文具店是你的资产，还是负债？

孩子：资产。

我：现在有人要买你的文具店，你卖不卖？为什么？

孩子：不卖。因为卖了就赚不到钱了。

我：为什么卖了就赚不到钱了呢？

孩子：卖了，文具店就别人的了，别人赚钱了；卖了，就没有现金流了。

我：是的。文具店是你的资产，一旦你失去了资产，同时也失去了资产给你带来的现金流，资产和现金流是同时存在的。

孩子：要看买的人给多少钱？

我：给你 15 万，卖不卖？为什么？

孩子：卖。因为投资 10 万，卖 15 万，赚 5 万，为什么不卖呢？

我：你的资产（文具店）价值 10 万（你的投资），以 15 万的价格卖掉，你赚了 5 万。我们把出售资产赚到的钱（出售价格—投资）叫作资本利得。

比如，你爸爸 5 年前花 100 万投资了一个房子，现在以 150 万的价格卖掉，那么，资本利得是多少？

孩子：50 万。150 万－100 万＝50 万。

到这里，孩子已经理解了"资本利得"的概念，接下来和孩子探讨如何选择资本利得和现金流。

我：有没有不卖的？

孩子：我不卖；我不卖；我不卖。

我：为什么？

孩子：因为，卖了以后就赚不到钱了；因为文具店是我的资产，可以让我的钱变多，所以，我不卖；价格太低了，如果给我 20 万我就卖。

我：如果不卖掉，文具店（资产）给你带来的是什么？

孩子：钱；现金流；老师，是正现金流。

我：对。当你不卖出你的资产时，叫作持有。当你持有资产的时候，资产给你带来的是现金流。

我：如果你卖掉，你得到的是什么？

孩子：卖掉了，得到的是钱呀；是资本利得。

我：对，卖掉得到的是资本利得。

我："现金流"和"资本利得"可不可以同时拥有？为什么？

孩子：不可以。如果你想要"现金流"，那么，就不能卖掉资产，所以就得不到"资本利得"；如果你想得到"资本利得"，那么，就要卖掉资产，同时失去现金流。

我：那么，我们什么时候要"现金流"？什么时候要"资本利得"呢？（这个问题孩子们回答不上来）

我：那么，如果我给你 100 万，你们卖不卖？

孩子：卖、卖、卖。

我：为什么给你 100 万就卖了呢？

孩子：哇塞！100 万啊，太多了，卖卖卖；100 万太划算了。

我：你们以为老师会花 100 万买你们的文具店吗？

孩子：哈哈，老师不会这么傻！

我：你们认为卖多少钱比较合理？

孩子：20 万；30 万；50 万。

我：请你们反过来想一想，如果你要买一家一年能赚 10 万的文具店，你想花多少钱？

孩子：10 万；20 万；11 万；12 万；15 万。

我：为什么你们想买的时候，出的价格低？想卖的时候，要的价格高呢？

孩子：花钱的时候肯定花得越少越好，赚钱的时候赚得越多越好；我妈妈说了，买东西的时候要砍价，砍得越多，买的时候价格就越便宜。

我：好吧，你们都是未来的企业家。我们来算算卖多少钱比较合理。

你的文具店投资 10 万，包括房租、装修、存货，每年有 10 万的现金流，也就是每年可以赚 10 万。那么，你的文具店现在的实物（房租、装修、存货）价值是多少钱？

孩子：10 万。

我：对，现在你的文具店实物价值是 10 万。那么，买你的文具店的人，是要买你的文具店的实物吗？

孩子：不是。他买文具店是想赚钱。

我：对了。买你文具店的人不是想买你的实物，因为这些实物（房租、装修、存货）他可以随时花钱买到，他想买的是未来几年能赚的钱，买的是你的文具店的位置和客户。

（孩子们有点醒悟了！）

他想买的是未来几年能赚的钱，那么，他一定会考虑要花几年时间收回他的投资。如果你卖 20 万、30 万、50 万、100 万，他要几年收回投资？

孩子：2 年、3 年、5 年、10 年。

我：那你们认为他会愿意花几年时间收回投资？

孩子：2 年。

　　我：为什么不是 3 年、5 年、10 年？

　　孩子：时间太长了。

　　我：对。谁都不愿意花太长的时间收回投资，所以，合理的价格应该在 20 万~30 万之间。

　　孩子：那我卖 30 万；25 万吧；少了肯定不卖。

　　我：你有没有可能 10 万、8 万，甚至更低的价格卖掉文具店？

　　孩子：那怎么可能；除非我不想干了；钱赚够了，哈哈。

　　我：如果你家里有亲人病了，急需一笔钱，或者你家里的其他生意赔钱了，急需还银行贷款，而且暂时又没有办法借到钱，你有没有可能 10 万、8 万卖掉？

　　孩子：有可能。

　　我：所以，当你想买一家文具店的时候，你要详细了解一下文具店的老板为什么要卖掉文具店，如果文具店的老板也是遇到上述情况，你就可以低价买到一项好资产。

　　我：还有没有其他情况，让你低价卖出？

　　孩子：不赚钱了；赔钱了。

　　我：对。不赚钱了。不赚钱了，赔钱了，文具店是你的资产？还是负债？

　　孩子：负债。

　　我：当你的"资产"（文具店）成为"负债"的时候就不值钱了，所以，你不得不卖掉。如果不卖掉会怎样？

　　孩子：赔钱；我的钱会越来越少。

　　我：那么，如果你要想卖的话，什么时候卖比较好？

　　孩子：能卖最多钱的时候；能卖 30 万的时候。

　　我：什么时候能卖最多钱？什么时候能卖 30 万？

　　孩子：赚钱的时候；生意好的时候。

　　我：对。如果你想要出售你的资产，一定要在你的资产最值钱的时候，生意最好的时候，很多人都想买的时候出售。

　　我：如果你刚刚投资 10 万开了一家文具店，而且生意很好，有人给你 20 万~30 万，你会卖吗？

　　孩子：卖，你不是说 20 万~30 万是合理的价格吗？

　　我：好，那么，我们来算一笔账。你现在卖掉，可以赚多少钱（资本利得）？

　　孩子：10 万~20 万。

我：如果一年、两年、三年，每年都可以赚 10 万以上，而且生意越来越好，那么，一年、两年、三年……你能赚多少钱？

孩子：一年 10 万、两年 20 万、三年 30 万……

我：好。那么，你选择现在卖，还是一年、两年、三年……以后卖？

孩子：那当然是以后卖。

我：为什么？

孩子：因为这样可以赚更多钱呀！

我：对。当你的资产在未来一段时间是一个好资产的时候，首先选择持有，获得现金流；然后，选择一个好机会、好价格卖掉，再得到一大笔资本利得。

如果你想赚钱，就选择"现金流"；如果你想要钱（现金），就选择"资本利得"。

到这里，孩子对于如何计算资产价格？如何出售资产？什么时候选择现金流？什么时候选择资本利得？会有粗浅的认知，先给孩子埋下一个意识的种子，等到孩子长大了，对社会发展、经济周期、行业趋势等有了更多的认知时，会唤醒他的意识。

"资产与负债""现金流与资本利得"这两对概念很基础，对建立孩子的经济学思维很重要。在学习这两对概念时，你要反复和孩子一起计算，除了书中的例子，你还可以找一些生活中常见的、孩子能够理解的例子，让孩子对这两对概念有深刻的理解。

一个人和一群人——风险与保险

风险在我们的生活中无处不在，小到伤风感冒、走路崴脚，大到交通事故、火灾地震，风险意识对于我们每个人都很重要。尤其是在投资领域，风险时时存在，如果缺乏风险意识，往往会辛辛苦苦二十年，一夜回到解放前，有的人甚至由于投资失败家破人亡。所以，在建立孩子投资意识的同时，更要建立孩子的风险意识，培养孩子创造财富的能力，更要培养孩子驾驭财富的能力。

孩子由于缺乏生活经验和社会阅历，更没有投资的经历，所以，风险意识比较薄弱。我们可以从孩子身边熟悉的危险开始，让孩子认识风险，逐渐引导孩子建立投资的风险意识。建议你给孩子开一个股票账户，给他几千块钱，让他去独立投资，真正体验一下投资的风险，这比我们给他讲多少大道理都有用。

在教学中我是这样引导孩子认识风险，建立风险意识和保险意识的。

首先，与孩子一起了解身边存在的危险。

我：同学们，你们知道我们身边、生活中存在哪些危险吗？

孩子：车祸；交通事故；火灾；地震；溺水。

我：那么，这些危险的事情我们愿意让它发生吗？

孩子：不愿意。

我：那么，会因为我们不愿意，它就会不发生吗？

孩子：不会。

我：那我们应该怎么办呢？

孩子：红灯停，绿灯行；穿越马路须走人行横道；不去野外游泳；切断电源……

我：为了避免这些危险我们要做好预防，是不是？

孩子：是的。

我：无论人们怎么做好预防工作，但有些危险还是发生了。比如，国家统计局的数据显示，2018 年，全国发生交通事故 244，937 起，死亡人数为 63，194 人；造成直接经济损失为 138，455.9 万元。几乎平均每 8 分钟就有 1 人因车祸死亡。

（孩子们对这一数据感到有点吃惊）

我：一旦交通事故发生了，造成财产损失、致人伤亡，那么，肇事车主要赔偿一大笔钱，如果车主赔不起怎么办？

孩子：老师，车都有保险，保险公司会赔偿的。

我：是的。保险公司会赔偿，但造成的损失是无法挽回的，所以，我们都不愿意发生这样的事故。我们做了预防，但我们知道事故一定不会发生吗？能预测发生事故后会有多大损失吗？

孩子：不能。

我：是的。我们要做的事情或正在做的事情，将来可能会发生我们无法预料和控制的损失，这就是风险。

我：那么，同学们想一想，除了我们生活中常见的风险，在你开文具店的时候会不会也有风险呢？

孩子：有。火灾；地震；有人偷东西。

我：除了火灾、地震、有人偷东西，还有什么风险？（孩子们想不到投资风险）

我：你开了一家文具店就一定能够赚钱吗？

孩子：不一定。

我：如果你开了文具店，由于经营不善，结果，一年后亏了3万元，这是不是风险？

孩子：是。

我：是，这也是风险。你投资10万元开了一家文具店，目的是想赚钱，但将来能不能赚钱，赚多少钱，会不会赔钱，赔多少钱，会遇到哪些问题和困难，都无法预知，这种对未来投资收益的不确定性，叫作投资风险。

孩子：可以买保险呀。

我：可以买保险，比如，防火防盗的财产险，但没有保障你赔钱的险。

孩子：那赔钱了怎么办？

我：只能自己承担。

孩子：啊，那还是别开文具店了，哈哈。

我：世界上没有百分之百安全的投资，只要是投资一定有风险。你们会投资吗？

孩子：不会。

孩子：会。老师我会，我想办法让文具店赚钱。

我：对，这位同学的想法是对的。你要想投资就不要害怕风险，如果你不敢冒险，那么，一定没有收益。风险不可怕，可怕的是不知道有风险。

我："不要把鸡蛋放在同一个篮子里"是什么意思？

孩子：放在同一个篮子里，掉地上就都摔碎了。

我：不放在同一个篮子里，应该怎么放？

孩子：多放几个篮子呗。

我：为什么要多放几个篮子？

孩子：有一个篮子掉地上了，鸡蛋不能全都碎了。

我：是的。那么，你现在有10万元可以用来投资，一是用10万元投资一家文具店，二是用2万元投资一只股票、2万元投资一只基金、5万元和别人合作投资一家文具店、1万元放在银行，你选择一还是二？

孩子：二。

我：这就是"不把鸡蛋放在一个篮子里。"像这样"不把鸡蛋放在一个篮子里"的方式叫作分散风险。

我：同学们，你的爸爸妈妈有没有给你们买保险？

孩子：不知道；有；我感冒住院的时候，妈妈说保险可以报销；老师说学校给我们买保险了。

我：保险能保证我们不感冒、不得病吗？

孩子：不能。

我：那为什么还要买保险呢？

孩子：有病住院了保险公司会给钱呀。

我：比如，某保险公司有一款儿童医疗保险，一年保险费 300 元。如果你感冒住院花了 1000 元，保险公司给你赔付 700 多元，保险公司是不是亏钱了？

孩子：是呀。

我：保险公司为什么要做赔钱的生意呢？

孩子：？！

我：保险公司是不会赔钱的。你感冒的时候，全班同学会和你同时感冒吗？

孩子：不会。

我：你感冒的时候，每次都会住院治疗吗？

孩子：不会。

我：是的。不是每位同学都会感冒并且住院治疗。只有住院治疗的时候，保险公司才会给你赔付，所以，保险公司不可能给所有买保险的人都赔付一次。比如，100 人交保险费，有 20 人因为住院治疗需要赔付，那么，保险公司收入多少钱？赔付多少钱？

孩子：收入 100 人×300 元/人＝30,000 元；赔付 20 人×700 元/人＝14,000 元

我：保险公司会赔钱吗？

孩子：哦，原来是这样。

我：保险公司赚钱的主要方法是拿大家保险的钱去投资，比如贷款、投资股票、基金、债券等。

保险是利用大家的力量来防范风险，是一种转嫁风险的方式，就是一个人出现问题大家共同来承担，每个人都以付出最小代价的方式得到补偿。你感冒住院治疗花 1,000 元，其中 300 元你自己承担，另外 700 元由参加保险的 100 人共同承担，这样，每人只需花 7 元钱就可以了。

我：现在我们有了两种方法来防范风险，一种是通过"不把鸡蛋放在同一个篮子里"的方式分散风险；一种是通过保险的方式转嫁风险。同学们想一想，还有没有其他方法？

孩子：合作。

我：哦，同学们好聪明呀！对，合作。风险共担，利益共享。那么，请同学们算一算，投资 10 万开一家文具店，由于附近的小区入住的人还不多，学校的学生也不多，第一年亏损 3 万，那么，一个人投资、两个人投资、三个人投资……十个人投资，每个人投资的钱一样多，各承担多少损失？

孩子：一个人 3 万；两个人，每人 1 万 5 千元；三个人，每人 1 万元……十个人，每人 3 千元。

我：这样合作的方式是不是每个人承担的风险变小了？

孩子：老师，我不想和那么多人合作？

我：为什么？

孩子：合作的人多了，赚钱就少了。

我：是的，合作的人越多，承担的风险越小，同时，得到的收益也越少。那么，如果你有 10 万元，你投资 10 家文具店，每家投资 1 万元，这样是不是风险小，但收益不会少呢？

孩子：哈哈，对，老师，还是你聪明。

我：哈哈，合作其实也是分散风险，是不是和"不把鸡蛋放在同一个篮子里"有点相似？

孩子：是的。

我：再想一想，还有什么方法防范风险？

孩子：？！

我：航空母舰和小渔船哪一个更能抵抗风浪？

孩子：那当然是航空母舰喽！

我：为什么？

孩子：航空母舰那么大，那么重，抵抗风险的能力肯定强啊；小渔船大风一吹就翻船了。

我：那么，我们每个人的能力是不是也有大有小？

孩子：是的。老师，我知道了，好好学习。

我：对。好好学习，掌握投资的知识，提高抵御风险的能力是防范风险最好的办法。

　　好，现在我们有了三种防范风险的方式，一是分散风险——不把鸡蛋放在同一个篮子里、合作；二是转嫁风险——购买保险；三是提高抵御风险的能力——好好学习。

　　如果你或你的家庭遇到了财务危机，不要避讳告诉孩子，这是对孩子进行风险教育的机会；如果你家是做生意、做企业的，给孩子讲一讲你做生意、做企业过程中防范风险的方式、风险的起因、造成的损失以及你应对的方法，让孩子参与其中、出谋划策，这是对孩子最好的风险教育。

写作业与玩手机——需要与想要

　　"资产"与"负债""资本利得"与"现金流""风险"与"保险"，这三对概念对孩子建立经济学思维非常重要，还有一对更重要的概念——"需要"与"想要"。

　　只有真正明白了"需要"与"想要"，才能建立财商思维。"需要"与"想要"不仅对孩子重要，对我们成年人同样重要。回忆一下我们自己生活、工作和事业上曾经发生过的一些事情，我们是不是也很难分清"需要"与"想要"？

　　"需要"与"想要"不像前面三对概念可以用语言下相对精准的定义，只能意会，不能言传。我在给孩子讲这一课的时候，先通过故事让孩子理解"需要"与"想要"，然后再结合生活让孩子感知、感悟什么是需要，什么是想要。

　　从前，有一个农夫，他每天都要去给村子里的富人种地，这样才能赚钱养活一家人。一天清晨，农夫走在去种地的路上，他一边走一边想，要是自己有几亩地该多好，这样就可以种自己的地，不愁吃不愁喝，一家人幸福地生活。

　　突然，路边出现了一个金灿灿的小金壶，把手上还镶嵌着耀眼的宝石，可惜的是这个好看的小金壶沾满了泥巴。农夫捡起小金壶，小心翼翼地用自己的衣角把小金壶擦得干干净净。就在这时，突然一道闪光，从小金壶里钻出来一个胖胖的白胡子老头儿。老头儿对农夫说："谢谢你把我擦干净，为了报答你，我愿意给你一块土地。从现在开始到太阳落山，你用步子圈多大的地，那片地就属于你。" 农夫高兴极了，心想，这是多么好的机会呀！如果这一天我拼命地跑，就能得到大大的一片土地。于是，他匆匆地向白胡子老头说了声谢谢，撒腿就跑。到了中午他也不休息，一心想着跑远一点，再跑远一点，多跑一点儿就多一块儿土地，所以，他一分钟也不想停下来，跑了很远很远，跨过小溪，绕过大山。眼看太阳就要落山了，他又渴又饿，又慌又累，最后，倒在了回来的路上，再也没有起来。

故事讲完，和孩子讨论：

我：农夫得到了他想要的土地了吗？

孩子：没有，他已经累死了。

我：农夫为什么会累死？

孩子：他跑得太远了；他中间没有休息，没有喝水吃饭；他想要的土地太大了。

我：如果是你，你会怎么做？

孩子：我不跑那么远；我跑一半就回来；我会看着太阳跑，过了中午我就往回跑；我要一小块土地就够了……

我：没有遇到白胡子老头儿之前他是怎么想的？

孩子：他只想要几亩地。

我：那么，农夫为什么没有像他最初想的那样做呢？

孩子：他太贪了；如果是我，我也会要大一点儿的土地，但我不会像农夫那样贪婪，被累死。

我：那么，是谁害死了农夫？

孩子：小金壶；白胡子老头；农夫自己。

我：你们说得对，如果农夫没有看到小金壶，就不会有白胡子老头出现，农夫就不会为了要更大的土地被累死。但这都不是最主要的原因，最主要的原因是欲望，是欲望害死了农夫。

我：农夫最初的想法是什么？

孩子：要是自己有几亩地该多好，这样就可以种自己的地，不愁吃不愁喝，一家人幸福地生活。

我：是的。农夫最初只想有几亩地，因为有几亩地就可以满足一家人的幸福生活。这"几亩地"是农夫真正"需要的"。那么，农夫在有机会得到他"需要"的几亩地的时候，他做了什么？

孩子：他想要一大片土地，结果被累死了。

我：是的。他不但没有得到自己"需要"的几亩地，反而被自己"想要"的一大片土地累死了。农夫忘记了自己真正"需要"的是什么，因为"想要"的太多而失去了一切。

我：农夫需要的是什么？想要的是什么？

孩子：需要的是几亩土地，想要的是大大的一片土地。

我：是的。那么，什么是你们需要的？什么是你们想要的？

孩子：需要的是好好学习、写作业；想要的是一个手机，一个机器人玩具……想要的太多会累死的，哈哈！

我："需要的"是保障我们能够很好地生活、学习，而不浪费；"想要的"是满足我们欲望的，往往是多余和浪费的。

我：你们想不想知道，如果我是农夫我会怎么做吗？

孩子：想知道。老师，你会怎么做？

我：我会找来村子里的所有人，让每个人都跑出一块属于自己的土地，让全村人都过上幸福生活。

孩子：白胡子老头说，是让你一个人跑，不是让村子里所有的人跑啊。

我：如果我这样做，白胡子老头一定会赞同，因为这样会让更多人过上幸福生活。不是吗？

孩子：是的。

我：好，同学们现在能分清"需要"与"想要"了吗？

孩子：能。

我：写作业、玩手机、帮妈妈做家务哪个是需要的，哪个是想要的？

孩子：写作业、帮妈妈做家务是需要的，玩手机是想要的。

我：如果你每天都能按时完成作业，学习成绩非常好，每天都帮妈妈做家务，那么，你玩手机，妈妈会生气吗？

孩子：不会。

我：为什么？

孩子：哎呀！学习好了，干什么妈妈都不会生气；不写完作业不允许玩手机；不能玩时间长了。

我：按时完成作业、学习成绩好、帮妈妈做家务，是不是先解决好了这些"需要"的问题，然后，才能解决"想要"的问题——玩手机？

孩子：是的。

我：所以，在你"想要"的时候，一定先解决"需要"的问题，只有解决了"需要"的问题，才能满足"想要"的问题，"想要"的实现一定建立在解决好"需要"的基础上。

我：如果你手里只有 30 元钱，你是买一个 30 元钱的冰激凌，还是买一本有价值的书？为什么？

孩子：买一本书。因为，书是需要的，冰激凌是想要的。

我：对。书是需要的，冰激凌是想要的。冰激凌 5 分钟就吃掉了，30 元钱，5 分钟就没有了，只是满足了"嘴"的"想要"，而一本书可以看 5 天甚至 5 年，哪个更有价值？

孩子：当然是书更有价值。

我：对。当你把钱花到"需要"上的时候，钱会更有价值；花到"想要"上的时候，钱的价值会变低。如果你有 1 万元压岁钱，是花 1 万元买一部你特别想要的手机，还是储蓄起来？为什么？

孩子：储蓄起来。手机是想要的，储蓄是需要的。

我：对。手机是想要的，储蓄是需要的。

分清"需要"与"想要"，请同学们记住四句话：

需要的不多，想要的很多；

想要的不重要，需要的才重要；

把想要变动力，把需要变行动；

先满足需要的，再满足想要的。

生活中，"需要"与"想要"没有明确的界线，是一个比较模糊的概念。在与孩子讨论"需要"与"想要"的时候，可以设置前提条件，让孩子知道做事情要有先后，要想得到需要先付出。不能过于压抑孩子的欲望，分清延迟满足和不满足，对于不能满足的事情一定要说"不"，对于可以延迟满足的事情延迟后一定要满足。

现实生活中，我们都是故事中的农夫，真的有了那样的机会，可能也逃脱不了农夫的命运。"需要"与"想要"实质是欲望的问题，很少有人能够控制好自己的欲望，所以，会有人一失足成千古恨，一夜回到解放前。

其实我们"需要"的并不多，"想要"的很多。"想要"的实现一定建立在解决好"需要"的基础上，比如你想要获得晋升，先需要提升自己的能力；

想要赚钱，需要先有解决别人问题的能力；想要把事业做好，需要有使命感，有好的理念和思维。所以，在你"想要"的时候，一定先解决"需要"的问题，只有解决了"需要"的问题，才能满足"想要"的问题。

"想要"是我们生活、工作、事业动力的重要来源，也是社会发展的动力来源，但我们要处理好"想要"的问题，不要被"想要"绑架而失去生活的幸福感、事业的乐趣和人生的价值，也不能因为无法满足"想要"而"躺平"，失去对生活、幸福、价值的追求。

物无美恶，过者为灾；适可而止，知足常乐；功成，名遂，身退。既能创造财富，又能享受财富，绽放生命的意义，实现人生的价值，这才是我们追求的最终目标，也是培养孩子的最终目标。

买入与卖出——构建投资思维

孩子已经有了"资产与负债""资本利得与现金流""风险与保险""想要与想要"的概念，那么，如何用这四对概念构建孩子简单的投资思维呢？

在讲给孩子之前，我们先简单了解一下有关投资的常识，然后，你按照这个思想辅导孩子。

从经济和金融的角度来说，投资是以货币或货币等价物购买资产，以期在未来实现保值、增值的经营性活动。广义上说，投资不仅是用货币投资，用知识、时间、精力、智慧、金钱等有价值的东西获得资产，期望将来给我们带来收益或有价值、有意义的回报，都可以说是投资。

投资的目的是什么？或者说我们为什么要投资？

我问过无数人这个问题，得到的答案基本是两个字"赚钱"。没错，不赚钱没有人去投资（公益除外），但是，如果把赚钱看作是投资的唯一目的，结果可能事与愿违。无论是普普通通的人，还是一些很牛的投资人，多数人并没有通过投资而获得想要的生活，投着投着就把自己投进去了，原因就是没有搞明白投资的真实目的是什么。投资的目的是实现财务自由，打造一个能够给你和家庭带来长期现金流——被动收入的资产。无论你赚多少钱，没有把你赚到的钱变成一个有被动收入的资产，就没有达到投资的目的。你有很多钱，但不一定财务自由，财务自由跟你赚多少钱不成正比，跟你赚钱的方式有关。

那么，什么是财务自由呢？

我们先了解一下什么是被动收入和主动收入。

被动收入是你不工作或很少工作，不需要花费多少时间和精力，就可以自动获得的收入，比如房租、股利、分红，是"躺赚""睡后收入"。

主动收入是你必须工作才能获得的收入，比如，你有一份月薪 10,000 元的工作，但你必须按时上下班，如果你不去上班，停止工作，那你就拿不到薪水；又比如，你是一名律师或一名软件工程师，你工作就会有收入，如果停止工作，收入也会停止。

主动收入是靠出卖时间来换钱，必须投入大量的时间和精力才能获得，是用你自身的资源、体力、精力、知识、技能、能力、时间等和别人交换。

主动收入无法让你同时拥有金钱和时间，往往是工资越高人越忙，不能带给你真正的自由和保障，拿着主动收入的人往往过着被动的生活。

主动收入是工资或一次性交换所得，被动收入是投资所得，是资产给你带来的持续不断的现金流。

大多数人都希望自己有被动收入，但在拥有被动收入之前需要经过长时间的付出和积累，除非你是富二代。

被动收入也并不意味着永久性收入，有些形式的被动收入可能会持续几年，有些形式的被动收入可能持续几十年，甚至是跨越几代人，但所有形式的被动收入终将由于各种原因而消失。任何被动收入都需要工作使其持续运转。

被动收入是获得财务自由的必要前提，我们可以用"自由指数"来描述财务自由。

$$自由指数 = \frac{被动收入}{生活成本}$$

当你的被动收入大于你的生活成本，$\frac{被动收入}{生活成本} > 1$ 时，财务自由；当你的被动收入小于生活成本，$\frac{被动收入}{生活成本} < 1$ 时，你还需继续努力；如果你还没有被动收入，$\frac{被动收入}{生活成本} = 0$，那你更需努力。

常见的获得被动收入的方式有房产租金、版税、专利或知识产权许可费、有价证券（存款、股票、基金、债券、保险）的分红和利息、交由职业经理人经营的企业等。

　　投资的最终目的是实现财务自由，而不是赚多少钱。在投资过程中追求增值、保值，但最终要拥有所有权。当你拥有了所有权，出租使用权是投资的终点。

　　投资是拥抱风险。如果你想投资或你已经开始投资，你必须清楚：一、风险一定存在；二、风险不可避免；三、风险必须承担。风险就是不确定性，我们无法预知将来的事情会怎么样，我们知道的只是概率的大小。

　　不要把投机误认为是投资，投机类似赌博，长远看赢少输多。投资周期漫长，投机周期短暂；投资需要眼光，投机需要信息；投资需要智慧；投机需要精明。

　　下面你可以通过简单的案例，引导孩子应用"资产与负债""资本利得与现金流""风险与保险""想要与想要"的概念分析、解答案例，让孩子慢慢将这四对概念应用、融合在一起，构建简单的投资思维。具体方法是，先将案例读给孩子，然后让孩子自己分析、解答，以对话的方式与孩子交流彼此的想法，不要先入为主表达你的想法。我写在案例下面的答案仅供参考，在经济学、金融学、投资学里面没有唯一答案，更没有正确答案，投资就是买卖的艺术，每个人的能力不同，境界不同，所以选择也不同。我把案例分成两部分，一部分是如何买入，一部分是如何卖出。案例分析只起到启发、引导孩子思维的作用，要想真正培养孩子的投资思维更需要实践，比如，给孩子几千块钱投资基金、股票；带孩子摆地摊、做小生意；参加财商类的夏令营；参与你的生意、公司和企业。

　　如何买入资产？

　　第一组：

　　便利店 1：每月亏损 3,000 元；便利店 2：每月亏损 2,000 元。如何投资？

　　不投资

　　理由：便利店 1 和便利店 2 流出现金流比流入现金流多，每个月都让我们亏钱，是把我们的钱带走的东西，所以，便利店 1 和便利店 2 都是负债，而不是资产。我们"需要的"和"想要的"都是资产，而不是负债。

　　第二组：

　　便利店 3：每月亏损 2,000 元；便利店 4：每月盈利 2,000 元。如何投资？

　　投资便利店 4，放弃便利店 3。

　　理由：便利店 3 的流出现金流比流入现金流多，每个月会让我们亏损 2,000

元，是把我们的钱带走的东西，所以，便利店 3 是负债；便利店 4 的流入现金流比流出现金流多，每个月会让我们赚 2,000 元，是帮助我们赚钱的东西。所以便利店 4 是资产。

第三组：

便利店 5：每月盈利 5,000 元；便利店 6：每月盈利 2,000 元。如何投资？

投资便利店 5，放弃便利店 6。

理由：便利店 5 和便利店 6 的流入现金流都比流出现金流多，每个月都是赚钱的，是帮助我们赚钱的东西，所以，便利店 5 和便利店 6 都是资产。便利店 5 每个月可以帮我们赚 5,000 元；便利店 6 每月可以帮我们赚 2,000 元，所以便利店 5 是更好的资产。

第四组：

便利店 7：每月盈利 8,000 元，房租合同还有 5 年；便利店 8：每月盈利 8,000 元，房租合同还有 5 个月。如何投资？

投资便利店 7，放弃便利店 8。

理由：便利店 7 和便利店 8 的流入现金流都比流出现金流多，每个月都是赚钱的，是帮助我们赚钱的东西，所以便利店 7 和便利店 8 都是资产。便利店 7 和便利店 8 每个月都可以帮我们赚 8,000 元，所以，便利店 7 和便利店 8 都是很好的资产。但是，便利店 7 的房租合同有 5 年，而便利店 8 的房租合同只有 5 个月，投资便利店 7 可以减少房租涨价的风险。

第五组：

便利店 9：每月盈利 8,000 元，房租合同还有 5 年，投资需要 20 万；便利店 10：每月盈利 8,000 元，房租合同还有 5 年，投资需要 28 万。如何投资？

投资便利店 9，放弃便利店 10。

理由：便利店 9 和便利店 10 的流入现金流都比流出现金流多，每个月都是赚钱的，是帮助我们赚钱的东西，所以便利店 9 和便利店 10 都是资产，两加便利店每个月都可以帮我们赚 8,000 元，都是很好的资产。两个便利店的房租合同都有 5 年，房租涨价的风险是一样的。但是，便利店 9 比便利店 10 的投资少，投资便利店 9 更划算。

第六组：

便利店 11：每月盈利 8,000 元，房租合同还有 5 年，投资需要 20 万，位于老旧小区；便利店 12：每月盈利 8,000 元，房租合同还有 5 年，投资需要 20

万，位于新建小区。如何投资？

投资便利店 12，放弃便利店 11。

理由：两个便利店的流入现金流都比流出现金流多，每个月都是赚钱的，是帮助我们赚钱的东西，所以两个便利店都是资产。两个便利店每个月都可以帮我们赚 8,000 元，都是很好的资产。便利店 11 和便利店 12 的房租合同都有 5 年，房租涨价的风险是一样的。两个便利店投资也一样多。但是，便利店 12 位于新建小区，市场前景会更好一些。

第七组：

便利店 13：每年盈利 10 万元，房租合同还有 5 年，投资需要 20 万；便利店 14：每年盈利 12 万元，房租合同还有 5 年，投资需要 30 万。如何投资？

投资便利店 13，放弃便利店 14。

理由：两个便利店都是很好的资产。房租合同都有 5 年。如果从每年的盈利来考虑，应该投资便利店 14，因为便利店 14 每年可以盈利 12 万，便利店 13 每年盈利 10 万。但是便利店 14 的投资却比便利店 13 的投资多，便利店 14 需要投资 30 万，便利店 13 需要投资 20 万。在合同期内 5 年，便利店 13 一共可以赚 50 万，是投资 20 万的 2.5 倍，便利店 14 一共可以赚 60 万，是投资 30 万的 2 倍，所以，便利店 13 的赚钱能力比便利店 14 的赚钱能力大，投资便利店 13 更划算。

第八组：

便利店 15：每年盈利 10 万元，房租合同还有 5 年，投资需要 20 万，位于新建小区；便利店 16：每年盈利 20 万元，房租合同还有 5 年，投资需要 50 万，位于海景旅游区，每年可能会遭遇 2~3 次台风。如何投资？

投资便利店 15，放弃便利店 16。

理由：两个便利店的相同之处是房租合同都是还有 5 年；从盈利考虑便利店 16 比便利店 15 好，便利店 16 每年有 20 万的盈利，便利店 15 每年有 10 万的盈利；从赚钱能力上比较，便利店 15 在 5 年内可以赚到 50 万，是投资 20 万的 2.5 倍，便利店 16 在 5 年内可以赚到 100 万，是投资 50 万的 2 倍，所以，从赚钱能力考虑，选择便利店 15，放弃便利店 16；从风险上考虑，便利店 15 位于新建的小区，风险比较小，而便利店 16 位于海边，每年会遇到台风，风险比较大，所以，从风险上考虑，选择便利店 15，放弃便利店 16。所以，选择投资便利店 15。

请你和孩子探讨，在这 16 家便利店中选择一家你们认为最好的投资，并说出理由。

如何卖出资产？

第一种情况：

你拥有一家便利店，每月盈利 8,000 元，房租合同还有 5 年，有人出价 20 万元买你的便利店。是否出售，说出理由。

分析：首先，这家便利店是资产，每月现金流 8,000 元，每年盈利 96,000 元，合同期 5 年可盈利 48 万元。如果卖出，你将获得资本利得 20 万元，但你会失去便利店这个资产，同时失去每月 8,000 元的现金流；如果不卖出，你将继续拥有这个资产，每月有 8,000 元的现金流，5 年内可以赚到 48 万，但得不到 20 万元现金。

如果卖出，你会选择什么时候卖出？为什么？

建议：在你决定是否卖出前，请分清"需要"和"想要"，你是想要资本利得，还是需要现金流。建议你不要卖出，因为你的便利店是一项不错的资产，每个月可以为你带来 8,000 元的现金流。如果卖出，选择房租到期卖出，因为这样，5 年内可以赚到 48 万元，卖出后还能获得一笔资本利得。

如果你急需 20 万元解决问题，那么你可以选择卖出。因为，20 万元是你"需要的"，首先要解决需要的问题。

第二种情况：

你拥有一家便利店，每月盈利 2,000 元，房租合同还有 5 年，卖出可获得 12 万元。是否出售，说出理由。

分析：首先，这家便利店也是资产，每月现金流 2,000 元，每年盈利 24,000 元，合同期 5 年可盈利 12 万元。如果卖出，获得现金 12 万元，但失去便利店这个资产，同时失去每月 2,000 元的现金流；如果不卖出，你将继续拥有这个资产，每月有 2,000 元的现金流，5 年内可以赚到 12 万，但得不到 12 万元现金。

提问：如果不卖出，你应该做什么？

如果选择不卖出，应该想办法经营好，提高盈利能力。

如果卖出，要想清楚什么？

要先清楚"想要什么，需要什么"。

第三种情况：

你拥有一家便利店，每月盈利 8,000 元，房租合同还有 5 年，卖出可获得 30 万元。但卖出后，你将在很长一段时间内找不到新的投资项目，而且新项目的风险不可控。是否出售，说出理由。

分析：首先，这家便利店是资产，每月现金流 8,000 元，每年盈利 96,000 元，合同期 5 年可盈利 48 万元。如果卖出，失去这个资产，同时失去月现金流 8,000 元，可以获得资本利得 30 万元。但是，卖出后，很长时间内没有项目可以投资，那么，你将失去赚钱的机会，浪费很多时间；如果你将要投资的新项目又有不可控的风险，那么，你可能会有很大的损失。如果不卖出，首先拥有这个资产，每月有 8,000 元的现金流，5 年内可以赚到 48 万，但得不到 30 万元现金。

建议：如果你不急需 30 万元，不要卖出，因为卖出后你将失去资产，失去现金流，失去赚钱的机会，再投资还会有风险。

第四种情况：

你拥有一家便利店，每月盈利 8,000 元，房租合同还有 5 年，卖出可获得 25 万元。同时，在一个新建的小区有一家正在出兑的便利店，房租合同还有 7 年，出兑价格是 25 万，每月盈利 12,000 元。是否出售，说出理由。

分析：首先，你拥有的这家便利店是资产，月现金流是 8,000 元。正在出兑的另一家便利店是一项更好的资产，月现金流 12,000 元；你出兑的价格和兑下另一家便利店的价格相同，都是 25 万元；你的便利店的合同期是 5 年，另一家便利店的合同期是 7 年，这样，风险还小一些；另一家便利店在一个新建的小区，发展前景会更好一些。

建议：卖掉你的便利店，买入另一家便利店。

第五种情况：

你正在经营着一家生意不错的便利店，每月盈利 12,000 元，房租合同还有 5 年到期。这时，你家里的另一项投资出现了一些风险，银行到期贷款 30 万元，短期内已经无法再借到钱。此时，有人要用 30 万元买你的便利店。是否出售，说出理由。

分析：首先，你的便利店是一项很好的资产，月现金流 12,000 元，合同期 5 年内，可以赚到 72 万元；你家的另一项投资出现了风险，需要还银行贷款，如果不能及时还上银行贷款，你就失去了信用，影响你在银行的信用，增加以后在银行贷款的难度。信用是非常宝贵的资产。

　　建议：现在你"需要的"是 30 万元资本利得，而不是每月 12,000 元的现金流。卖出你的便利店，获得资本利得 30 万元，还银行贷款，提高你的信用。

　　请你和孩子探讨，如果你们拥有这 5 家便利店，现在只能保留一家便利店，那么你们会选择保留哪一家？为什么？

　　当你买入或卖出资产时，应该这样思考：

　　1.最先考虑的是，是否有"风险"。

　　2.然后考虑的是，"需要"与"想要"，你想要的是"资本利得"还是"现金流"。

　　3.之后考虑的是，"资产"还是"负债"。

　　4.最后考虑的是，现金流。赚多少不重要，赚多久才重要。

买基金还是买股票？——常见的投资工具

　　孩子对投资工具普遍缺乏了解，尤其是我们中国的孩子，所以，我希望读到这本书的你早一点儿让孩子了解这些投资工具，这对孩子投资意识的培养有非常好的帮助，我们都知道巴菲特被称作股神，但很少有人知道巴菲特小时候就有炒股的经历。

　　这部分内容对于孩子来说很陌生，我会尽量用简单易懂的方式表达，希望你耐心地读给孩子听，遇到不理解的地方，和孩子一起上网查找资料；带孩子浏览一些股票软件和证券公司的网站，让孩子有一些直观认识；开一个股票账户让孩子体验；最好能够让孩子结识一个基金经理，学习更多的知识。

　　一、银行存款

　　孩子知道把钱存到银行里可以获得利息收入。银行存款分活期存款和定期存款，不同形式的存款利息有所不同，你可以带孩子到银行看一看有哪些形式的存款及利率，让孩子计算一下压岁钱怎么存收益更好。作为理财工具银行存款收益较低，但最大的好处是风险小，流动性好。流动性就是你随时可以把钱取出来。

　　二、股票

　　股票是股份公司发行的所有权凭证，它可以证明你拥有发行股票的公司的一部分所有权。比如，你持有（持有就是你已经购买了某个公司的股票）100

股建设银行股票，那么，你就是建设银行的拥有者之一；你持有 10,000 股平安保险股票，那么，你就是平安保险公司的拥有者之一。

股份公司通过发行股票筹集资金，持有股票的人凭借持有股票的数量取得股息和分红，同时也要承担公司经营所带来的风险。

股票可以在股票市场（证券交易所）进行买卖和转让。中国现在有五个证券交易所，上海证券交易所、深圳证券交易所、北京证券交易所、香港证券交易所、台湾证券交易所。全世界有很多著名的证券交易所，比如，纽约证券交易所、纳斯达克证券交易所、东京证券交易所、伦敦证券交易所、孟买证券交易所、德意志交易所、瑞士证券交易所等。

在没有计算机和网络之前，股票是一种纸质凭证，现在已经没有了这种纸质凭证了。你只要通过手机或电脑在某个证券公司开一个股票账户就可以了，有了股票账户你就可以买卖股票了。

长大后，你想不想拥有自己的上市公司，发行你自己的股票呢？那我们就开始吧！

你投资 10 万元开了一家文具店，由于你的经营能力很强，每年都有十几万的盈利，而且随着时间的延续，你的经营能力和文具店的盈利越来越好。这时你想发行股票，发行多少呢？可以是 10 股、100 股、1,000 股、10,000 股、1,000,000 万股，你是文具店的老板，你可以决定任意发行多少股。

假如你决定发行 100 股。这时，你的一个同学早就羡慕你的文具店了，他决定买下文具店一半的股份，也就是 50 股。当然，你也可以卖给他 10 股、20 股、30 股，这也由你决定，关键是 1 股卖多少钱。那么，究竟 1 股应该卖多少钱呢？如果 1 股卖 10 元钱，50 股就是 500 元；如果 1 股卖 100 元钱，50 股就是 5,000 元；如果 1 股卖 1,000 元钱，50 股就是 50,000 元，这样的价格你会卖吗？我想你肯定不会卖。你一定会想"我的文具店一年就能赚十几万，5 万卖掉一半的股份太不划算了吧。"

出售股份，首先要看你文具店的价值，这个价值不仅是你文具店的存货价值，更要看的是你的文具店未来几年的赚钱能力，想要买你文具店股份的同学看重的是文具店未来的赚钱能力。买你文具店的股票是一种投资行为，聪明的投资人首先考虑的是风险，其次考虑投资成本，最后考虑收益。首先，你的文具店已经经营稳定，风险很小，而且盈利能力也不错，对于你的同学来说是一个很不错的资产。

你的文具店每年有十几万的盈利，买了你文具店一半的股份，他每年就要和你分掉一半的盈利，假如你的文具店平均每年盈利 14 万，那么，他每年就有 7 万元的收入。投资回收期一般在 5 年左右比较合理，如果在两三年时间内能收回投资，那是非常好的投资项目了。投资回收期就是收回投资的年限或者说是几年能赚回投资的钱。

知道了这些，你是不是就知道如何计算 1 股股票的价格了？如果按 5 年投资回收期计算，5 年×7 万/年＝35 万，那么，350,000 元÷50 股＝7,000 元/股；如果按 3 年投资回收期计算，3 年×7 万/年＝21 万，那么，210,000 元÷50 股＝4,200 元/股；如果按 2 年投资回收期计算，2 年×7 万/年＝14 万，那么，140,000 元÷50 股＝2,800 元/股。

经过你们两个讨价还价，最后每股价格确定为 4,000 元，你的同学以 20 万元（4,000 元/股×50 股＝200,000 元）买下文具店一半的股份。这样，你一次性获得了 20 万的现金，同时，失去了半个文具店的所有权和每年 7 万元的现金流；你的同学拥有了半个文具店的所有权和每年 7 万元的现金流。哈哈！到这里你是不是有若有所失的感觉？如果你反悔，还来得及，不要这样，你的远大梦想是上市公司，这离上市公司还远着呢！

你们签订好协议，交易完成后，你就不再是文具店唯一的老板了，你和你的同学各自拥有半个文具店，你们已经是合伙人了，都是文具店的股东。两个人在一起做生意，肯定会有意见不统一的时候，你们必须学会与人合作，否则会影响文具店的经营和发展。所以，在你选择合伙人的时候就要谨慎，要选择诚实守信、有能力的合伙人。

现在，你们的文具店很值钱了。那么，你知道你们的文具店值多少钱吗？

市值

你以 4,000 元/股的价格卖了 50 股，价值 20 万；你也有 50 股，当然也值 20 万。这样你们的文具店现在价值就是 40 万，也可以这样算 4,000 元/股×100 股＝400,000 元。我们把股东持有的股票的总价值叫作市值。

哈哈，是不是和原来的感觉不一样了？

买价、卖价、价差

你是不是和你的同学经过一番讨价还价之后才达成 4,000 元/股的价格？

买卖股票和买卖其他商品一样，是可以砍价的。买家买东西时都希望以最低的价格买入，卖家总想以最高的价格卖出，这是市场交易的常理。

你的同学说："我想每股 3,000 元的价格买你 50 股的股票。"他的出价 3,000 元/股，这就是买价。买家愿意为你的股票支付的价格就是买价。但是，你觉得这个价格太低了，"我想每股 5,000 元的价格卖给你 50 股。"5,000 元/股就是你的卖价，卖家希望卖出的价格就是卖价。

买价和卖价之间的差就是价差。5,000 元－3,000 元＝2,000 元，这 2,000 元就是价差。

最后，通过协商以 4,000 元/股的价格成交。

你可以让你的爸爸妈妈给你打开一个股票软件，比如，同花顺、大智慧等，在股票交易时，你可以看到买一、买二、买三、买四、买五，卖一、卖二、卖三、卖四、卖五，而且价格一直在变化，这就是买卖双方在讨价还价。当大家都去追捧一只股票的时候，也就是买这只股票人多的时候，这只股票的价格就会上涨，否则就会下跌。

首次公开募股（IPO）

好了，你们的文具店通过你们两位股东的精心经营，生意越来越好了，而且已经有了其他两家连锁店和一位新股东。这时，你一位同学的爸爸，一个证券公司的经理，给你们投资了 300 万，让你们注册一个有限公司，在这个城市所有的学校门口都开一家文具店，然后，准备 IPO。

你一定会问，什么是 IPO？IPO 就是首次公开募股，就是说，你们的文具店公司可以向社会公众出售你们的股票了，就像其他股票一样，人们可以通过手机和电脑买卖你们的股票了。当然，上市过程不像老师说得这么简单，需要一套复杂的流程，要经过上市申请、审查批准、报送文件、签订协议等。只有符合上市条件才可以上市（IPO）。

那么，你们的文具店有限公司可以发行多少股票呢？

这要由你们的董事会（你、你的两位合作伙伴、给你们投资的同学的爸爸组成的公司管理委员会）决定，由证监会批准。根据文具店有限公司的资产价值以及你们需要的资金多少，最终决定公开发行 3,000 万股。

到这里你一定会问，为什么要 IPO 上市呢？

通过 IPO 上市，公司可以筹集到更多的资金，可以更好地发展，你们的文具店公司就可以从一个城市走向全国，甚至走向世界。IPO 就是一种筹集钱的方法。IPO 上市后，你们股东手里的股票也可以卖了，可以赚到一大笔钱，辛辛苦苦创业得到了很好的回报。比如，你手里有 10,000,000 股，以 30 元/股的价格卖出，那么，你有多少钱？哈哈！是不是一下子就成了亿万富翁。

文具店有限公司的股票价格以后会怎么变化？是上涨还是下跌？除了有市场原因，更要看你们经营得好不好。如果经营不好，违法违规，还要被退市，就是被监管部门强行退出股票市场，甚至公司破产，承担法律责任。所以，为了你们的文具店公司更好地发展，基业长青，还需要更多的努力。加油吧！

当然，你们还是孩子，不可能现在就拥有上市公司，老师给你们讲"文具店公司"的故事，是想让你们从小就要有这样的梦想，长大后为祖国的经济发展作贡献。

虽然现在你们不能拥有一家上市公司，但你们可以买卖其他上市公司的股票，除了投资，更是学习的过程，为你长大后的梦想打基础。人们把买卖股票叫作炒股，在你炒股之前，你需要学习一些简单的知识。

股票交易时间

中国股市交易时间是周一至周五上午 9:30-11:30，下午 13:00-15:00，法定节假日不交易。股票实行 T＋1 交易，就是今天（当天）买入，明天（第二个交易日）才能卖出。

买卖数量

沪市（上海证券交易所）、深市（深圳证券交易所）和创业板每一交易单位为 100 股及其整数倍，就是你买卖的时候最少是 100 股，多的时候是 100 的整数倍，比如，300 股、1000 股等，科创板每一交易单位为 200 股及其整数倍。

开盘与收盘

中国股市交易时间是周一至周五上午 9:30-11:30，下午 13:00-15:00。9:30 开始交易，叫作开盘；下午 15:00 停止交易，叫作收盘。每个交易日第一笔交易的成交价格叫作开盘价；最后一笔交易的成交价格叫作收盘价。

涨停板与跌停板

为了防止股票交易价格的暴涨暴跌，防止有人操纵股票价格，从中牟利，对每只股票当天价格的涨跌幅度予以适当的限制。沪深两市股票涨跌幅限制为10%，创业板和科创板股票涨跌幅限制为20%。比如，一只股票当天的开盘价格是10元，如果涨到11元，那么，就不允许继续涨了，到此停止，这种现象叫作涨停板。股票价格不再继续上涨，但交易继续；一只股票当天的开盘价格是10元，如果跌到9元，那么，就不允许继续跌了，到此停止，这种现象叫作跌停板。股票价格不再继续下跌，但交易继续。

股票指数

每个证券交易所每天都有几千只股票进行交易，有的股票涨，有的股票跌。有人问，今天的股市行情怎么样？如果你买的股票恰好是上涨，那么，你会回答："今天的行情不错。"如果另一个人买的股票恰好是下跌，那么，他会回答："今天的行情不好。"那么，今天的行情是好还是不好呢？单看任何一只股票都无法判断整个股市行情是好是坏，是涨是跌。为了回答这个问题，人们想出来一个办法，把在这个证券交易所上市的所有股票或部分较好的股票价格通过复杂的数学方法进行计算，得出一个数值，反应整个股票市场的行情变化，这个数值就是股票指数，也叫作股票价格指数。人们通过这个指数就能判断某一天或某一段时间股市的行情。比如，上证指数（上海证券交易所）3256.52（绿色）；深证成指（深圳股票交易所）11785.03（红色）。你可以让你的爸爸妈妈给你打开一个股票软件观察一下，红色的是上涨，绿色的是下跌。

牛市和熊市

"牛"和"熊"这两个字在你的生活中是不是经常用到？当你觉得一个人本领大、很有力量的时候，你会夸奖他说："你真牛。"当你觉得一个人软弱无能的时候，你会在心里说："这个人真熊。""牛市"和"熊市"和这个意思差不多，是股市的通用术语。如果股市在很长一段时间内一直上涨，我们就说："现在是牛市。"这个时候人们都会"看涨股市"。如果股市在很长一段时间内一直下跌，我们就说："现在是熊市。"这个时候人们都会"看跌股市"。

逢低买入

假如你已经开好了股票账户，看好了一只股票，那么，是不是马上就买入呢？

请你稍等，等等看。就像买其他商品一样，看看会不会有打折的机会，打折的时候买，物美价廉。买卖股票的时候切忌冲动，不要以为买了就能赚钱。等一等，等市场回调的时候再买，要做到逢低买入。最好的办法是熊市买，牛市卖，高抛低吸。

账面盈利和账面亏损

如果你以每股 50 元的价格买入了一只股票，价格下跌到 30 元，你是不是赔钱了？价格上涨到 100 元了，你是不是赚钱了？这两个问题的答案都是"没有"。

你买入股票后，价格每天都在变化，不可能每天都涨，也不可能每天都跌。在你把股票卖出去之前，都不算赔钱或赚钱，只有卖出时才会产生赔钱和赚钱。在你持有股票的时候，不管价格怎么变化都是账面盈利或账面亏损。

市盈率

你经常买的文具，比如一支铅笔，你肯定知道它的价格，如果某个文具店卖 5 块钱一支，你不会买，因为你知道他卖得价格太高了。那么，你决定买一只股票时，怎么知道这只股票价格是低还是高呢？比如，有两只同样是 20 元/股的股票，你要买哪一只呢？

有一个比较简单的判断方法是看这只股票的市盈率。在炒股软件里可以看到每一只股票的市盈率。

什么是市盈率呢？市盈率就是用股票当前价格除以该公司的每股利润。"股票当前价格"可以在炒股软件上时时看到，"每股利润"一般是指上一年度的利润，可以在该公司的财务报表中查到。

市盈率＝每股价格÷每股利润

比如，你现在看好的两只股票价格都是 20 元/每股，我们暂时叫它们为 A 股和 B 股，其中 A 股每股利润为 1 元，B 股每股利润为 2 元。

市盈率（A）＝20 元/股（股票价格）÷1 元/股（每股利润）＝20

市盈率（B）＝20 元/股（股票价格）÷2 元/股（每股利润）＝10

如果你买 A 股（市盈率 20），那么，对于 A 公司每 1 元的利润你将付出 20 元的代价，或者说，在 A 公司保证每年每股都有 1 元利润，并且都分给你的情况下，你需要 20 年时间才能收回你的投资。

如果你买 B 股（市盈率 10），那么，对于 B 公司每 2 元的利润你将付出 20 元的代价（每 1 元的利润你将付出 10 元的代价），或者说，在 B 公司保证每年每股都有 2 元利润,并且都分给你的情况下,你需要 10 年时间能收回你的投资。

那么，这两只股票你选择买哪一只呢？

我写这本书的时候，上海证券交易所的平均市盈率是 12.46，平均市盈率就是所有股票市盈率的平均值。你可以用你看好的股票的市盈率和平均市盈率做一个对比，当你买的股票的市盈率远远高于平均市盈率，那么，你买的价格可能就高了；当你买的股票的市盈率低于平均市盈率，那么，你买的价格比较合理。

市盈率可以让你搞清楚你想买的股票和其他股票的价格相比较是偏低、偏高，还是比较合理。但是，市盈率并不能完全判断一只股票未来会怎么样。比如，中国银行市盈率是 4.36；比亚迪市盈率是 247.79；国盾量子市盈率是亏损。这几只股票你会买哪一只？

为什么有人愿意买市盈率是 247.79，股价是 260 元/股的比亚迪，甚至是亏损，股价是 132 元/股的国盾量子，而不愿意买市盈率是 4.36，价格只有 3.23元/股的中国银行？因为有的投资者认为，这样的公司会有大发展，将来有一天会赚大钱。但也有可能不会，存在很大的风险。风险越大收益也越大！

关于股票的知识还有很多，很复杂，先给同学们讲这么一点点儿。要想学习更多知识，最好是投资一只股票，在投资的过程中才能真正学到大智慧。

三、基金

同学们，你的投资储蓄罐和银行卡里有多少钱了？是不是通过一、二年级两年的储蓄已经成为一个小富翁了？

现在，你可以用投资储蓄罐和银行卡里的钱来投资了，除了投资股票，你还可以投资基金。如果你学习任务很多，没有时间去投资股票，或者你觉得投资股票风险有点大，那么，你可以选择投资基金。

什么是基金呢？

基金就是把很多人，尤其是那些没有时间，没有投资经验，又想投资的人的钱汇集到一起，然后交给基金公司的基金经理，由基金经理替这些人投资。基金经理可以拿这些钱去投资股票、债券或其他基金等投资产品。

如果你觉得投资股票的风险大，还没有什么投资经验，那么，你就可以用投资储蓄罐和银行卡里的钱去投资一只基金。你现在虽然已经是个小富翁，但还不是非常富有，建议你做基金定投。基金定投就是就是在固定的时间将固定的金额投资到指定的基金中去。就是说，你购买一只基金后，每个月会从你的银行账户中自动扣除 100~500 元进入基金账户，所以，你必须保证你的银行卡里有足够的资金。比如，你投资了每个月 200 元的定投基金，那么，你每天节省 7 元钱零花钱就可以了，是不是很容易？

怎么投资定投基金呢？

打开银行的 APP、支付宝、微信里面都有定投基金，也可以到银行的大厅购买。在你购买基金的时候，要选择好基金公司和基金经理，基金公司要选择成立 5 年以上的，基金经理要选择从业年限长、业绩好的基金经理。

好了，开始你的投资之旅吧！

四、债券

同学们，你们向爸爸妈妈或同学借过钱吗？或者你们把钱借给爸爸妈妈或同学？借钱的时候最好要写一个凭证，就是我们常说的借条。债券就相当于一个借条，是国家、地方政府、企业在法律规定范围内向社会公众借钱，国家借钱叫国债，地方政府借钱叫政府债券，企业借钱叫企业债券，并在规定的日期还本付息。债券像股票一样可以在金融市场买卖。

比如，你的文具店公司想把连锁店开到全国每一个城市，虽然你的文具店公司已经上市了，但资金还是不够用，这时你可以申请发行企业债券。经过公司董事会研究决定发行 5,000,000 元债券，年利率为 5%，每张债券面值是 1,000元，5 年后还本付息。如果我买了 10 张你们公司的债券，相当于你们从我这里借到了 10,000 元（1,000 元/张×10 张＝10,000 元），每年你们要付给我 500元的利息（10,000 元×5%＝500 元），5 年我可以获得利息 2,500 元，5 年到期我可以收回 12,500 元（10,000 元本金＋2,500 元利息）。

买股票表明你对一家公司有一部分所有权；买债券表明你把钱借给了一家公司。买股票你要承担这家公司经营过程中的风险，但获得的收益也大；买债券风险相对小很多，但获得的收益也小。

有关钱生钱的工具还有很多，比如期货、房地产、贵金属、保险、信托、收藏等，你们暂时就简单了解这些吧。建议你们购买一些有关书籍来阅读、学习。

"冰雪奶茶"——成本与利润

搞明白了成本就搞明白了一半经济学。成本概念、成本意识在我们的生活中无处不在，虽然我们没有用"成本"这个词来描述生活中的事情，但我们却时时用"成本思维"处理我们生活中的事情，我们每个选择的背后几乎都隐藏着成本思维。比如，你早晨开车上班，有两条路摆在你的面前，一条是路程远，但不堵车，时间短；一条是路程近，但堵车，时间长。如果你选择路程远的路，那么，在你的意识里认为时间更重要，时间比你花出去的油钱更有价值，时间成本大于金钱成本；如果你选择路程近的路，那么，在你的意识里认为钱更重要，你宁愿多花一点儿时间而不多花一点儿油钱，金钱成本大于时间成本。成功的人会花钱买时间。成本不仅仅是你付出了多少金钱，你所有的付出和失去都可以看作是成本。有成本意识和成本思维做事效率才会更高。

小孩子普遍缺乏成本意识，做事随心所欲，因为没有人教小孩子关于"成本"的事情。我在教学中感受到，学习过"成本"的孩子，在生活中会变得更聪明，学习效率更高，所以，让孩子早一点儿理解"成本"对孩子财经素养的提高和学习效率的提升都有很大的帮助。

有一次，在学习时间成本的概念时，有一个小男孩突然对我说："老师，我知道了'时间就是金钱'是什么意思了。"我问他："那你说说是什么意思吧。"他说："我也说不好，我回家要做一件事，下节课告诉你。"回家后，他把"时间"卖给了他爸爸。每天完成学习任务后，他爸爸允许他玩半小时手机，他跟爸爸说："我能不能把玩手机的时间卖给你？"开始爸爸没有明白他的意思，他对爸爸说："如果我每天不玩手机你看怎么样？"爸爸说："好啊，那当然好了！"他说："我不玩手机可以，但是，你需要给我报酬，我想把玩手机的时间卖给你。"爸爸有点意外，这孩子怎么会想出这个主意？"那可以呀，你说说怎么个卖法？""每天半小时玩手机的时间10块钱，一周给我70块钱。"爸爸非常高兴地答应了他的条件。一周后，我给他爸爸打电话，他爸爸说："是这样的。头几天还挺得住，没过几天，心里痒痒，又想玩。不过他的做法让我觉得很新奇，他没直接说要玩手机，跟我说，爸爸我能不能买回十分钟的时间玩手机？我说可以，我让他自己算10分钟多少钱，他拿出计算器算了算，告诉我10分钟3块3毛钱，我让他付了4块钱。隔几天就买4块钱的，我问他为什么不买半小时，他说时间太值钱了，买不起。现在玩手机的时间比原来少多了，而且学会了做什么事先想一想值不值、划不划算，不像原来傻乎乎的。"

了解了这件事后，我也有点惊讶，一个二年级的小孩子能想到把抽象的时间变现也是很牛的思维了，这就是"成本"对孩子思维的启发。

接下来，我们从一个故事"冰雪奶茶"开始，让孩子了解生活中常见的成本概念。

我的名字叫一川，我很聪明，从小学习好、身体棒、兴趣广、爱好多，我的梦想是成为一名企业家，为人们创造更多更好的产品和服务。大学期间，我的学费和生活费都是自己赚的，几乎没有向爸爸妈妈要过钱。

大学毕业后，我不想去找工作，选择自己创业。在大学四年的生活中，我发现大学生都比较喜欢喝奶茶，我决定在学校投资一家奶茶店。

经过我的考察和计算，一杯奶茶的原材料大概需要 5 元，包括杯子、吸管、封口膜、奶精、茶叶、糖、损耗等；制作奶茶的设备一套大概 2 万元；房租每个月 1 万元；一名员工每月工资 3,000 元；为了满足每天的销售，存 500 杯奶茶原材料，需要资金 2,500 元，房租押一付三需要 4 万元，流动资金 1 万元，简单装修需要 1 万元，预算投资 8 万元。

预计每天销售 100 杯左右，每杯定价 15 元。

我自己赚的钱有 3 万元，爸爸妈妈很赞成我自主创业，借给我 5 万元，利率 4%。

一个月辛苦的准备工作结束了。

啦啦啦！我的奶茶店——"冰雪奶茶"开业了！

哈哈哈！开业大吉，第一个月超预期销售，每天平均销售 150 杯。

	每天销量	150杯/天	
每杯		**每月**	
售价	15元	总收入	67,500元
材料费	5元	材料费	22,500元
水电费	1元	水电费	4,500元
		工资	3,000元
		房租	10,000元
		税	100元
		利润	27,400元

表一

正在我沉浸在成功的喜悦中，为成为未来的企业家兴奋时，突然疫情来了，整个校园空空如也，学生都被隔离在家里了，奶茶店销售为零，为了保证疫情过去后继续经营我的奶茶店，我决定继续交房租，继续给我的小员工开工资，这也是做老板的责任。

	每天销量	0杯/天	
每杯		**每月**	
售价	15元	总收入	-
材料费	5元	材料费	-
水电费	1元	水电费	-
		工资	3,000元
		房租	10,000元
		税	-
		利润	-13,000元

表二

哈哈哈！疫情被控制住了，我可以复工了。

学校要求学生分批返校，我迫不及待地返回母校，继续我的企业家之梦。理想很丰满，现实很骨感。复工之后，我的奶茶店每天仅能销售 40 杯奶茶，每个月要亏损两千多。

每天销量	40杯/天		
每杯		**每月**	
售价	15元	总收入	18,000元
材料费	5元	材料费	6,000元
水电费	1元	水电费	1,200元
		工资	3,000元
		房租	10,000元
		税	100元
		利润	-2,300元

表三

难道我的企业家之梦要破灭了吗？不，我一定要坚持下去，阳光总在风雨后。我要把"冰雪奶茶"做成全国连锁，成为一名真正的企业家。

同学们，你们说一川能成为企业家吗？我相信他一定能！

我们一起来给一川的"冰雪奶茶"店算算账吧！

奶茶店每个月都有收入和支出，收入是卖出奶茶收回来的钱，是奶茶店从销售奶茶中得到的货币数量。

支出是经营奶茶店花出去的钱。只要经营就必须有支出，为了保障奶茶店经营的支出，我们叫作经营奶茶店的成本。

成本是人们进行生产、服务等经营活动，必须耗费的资源，比如金钱、时间、原材料、人工、租金、设备等，是为获得经营活动的资源而付出的钱。

同学们一定知道，如果卖出去的奶茶多，那么，购进的材料就多，花在材料上的钱就多，也就是材料成本就多；如果卖出去的奶茶少，那么，购进的材料就少，花在材料上的钱就少，也就是材料成本就少。材料成本是随着奶茶店经营状况的变化而变化的。

但是，有的钱不论是赚钱还是亏损都得花，比如，房租和员工工资，这些钱不会随着奶茶店经营状况的变化而变化。

每个月花在材料和水电上的成本是随着奶茶店经营状况的变化而变化的，这样的成本叫作可变成本或变动成本。

每个月花在房租和员工工资上的成本是不随着奶茶店经营状况的变化而变

化的，这样的成本叫作不变成本或固定成本。疫情期间和刚刚复工期间，奶茶店是亏损的，但房租和员工工资是不变的。

不变成本＋可变成本＝总成本

每个月的盈利（赚的钱）叫作利润，利润＝总收入-总成本。

第一个月

可变成本＝材料 22,500 元＋水电 4,500 元＝27,000 元；

不变成本＝房租 10,000 元＋工资 3,000 元＋税 100 元＝13,100 元；

总成本＝27,000 元＋13,100 元＝40,100 元。

利润＝67,500 元－40,100 元＝27,400 元。

还记得前面我们学过的现金流吗？

总成本（不变成本＋可变成本）就是流出现金流；总收入就是流入现金流；利润就是净现金流。

请你根据表二和表三的数据，计算一下"冰雪奶茶"店在疫情期间和刚刚复工期间的收入、成本和利润，看看"冰雪奶茶"店什么时候是资产？什么时候是负债？

如果我们把家庭比作一个小公司，爸爸妈妈每个月辛苦工作获得收入，每天的衣食住行，还有你的学费、兴趣班费用等都是支出，请你和爸爸妈妈一起算一算，你家每个月的收入、成本和结余（利润）各是多少？让你的爸爸妈妈和你一样也养成记账的好习惯。

如果我们把不变成本和可变成本拆开细分，还有很多有关成本的知识。

单位成本

一杯奶茶包括杯子、吸管、封口膜、奶精、茶叶、糖等材料大概需要 5 元，再加上电费、水费、税、人工、房租等构成了制作一杯奶茶的钱，我们把制作出一杯奶茶需要投入的钱，叫作单位成本。比如，第一个月一共支出是 22,500 元（材料费）＋4,500 元（水电费）＋3,000 元（工资）＋10,000 元（房租）＋100 元（税）＝40,100 元；一共制作奶茶 150 杯/天×30 天＝4500 杯，我们把总成本分摊到每一杯奶茶里，那么，奶茶的单位成本＝40,100 元÷4500 杯≈9 元/杯。

运输成本

制作奶茶的原材料杯子、吸管、封口膜、奶精、茶叶、糖等都需要物流或快递运输过来，运输原材料花费的快递费或物流费是运输成本。比如，你在线上买了一双鞋子，价格 500 元，快递费 20 元，如果快递费由你支付，那么，这双鞋子的价格对你来说就不是 500 元了，而是 520 元；如果快递费由商家支付（包邮），那么，这双鞋子的单位成本就增加了 20 元。但羊毛还是出在羊身上滴！

融资成本

一川开奶茶店一共投资了 8 万元，其中从爸爸妈妈那里借了 5 万元，利率 4%。每年他要付给爸爸妈妈利息 2,000 元，这是融资成本。一川想投资奶茶店，但他手里只有 3 万元，向爸爸妈妈借了 5 万元，他也可以向某个同学借 2 万，再向某个朋友借 3 万，为了投资奶茶店一川这种筹集资金的行为叫作融资，为借到的钱付出的代价（利息）就是融资成本。

你想买一个特别喜欢的玩具，但你的零花钱储蓄不够，你向爸爸妈妈借钱，并在每周的零花钱里扣除本金和利息，你的这个行为算不算融资？你付给爸爸妈妈的利息算不算金融成本？请你思考一下。

销售成本

为了卖出更多的奶茶，一川在食堂、学生宿舍张贴海报；发宣传单页；在外卖平台上出售奶茶。制作海报、张贴海报、制作宣传单页、发放宣传单页需要花钱，在外卖平台上出售要给平台提成，这些为了销售花出去的钱是销售成本。

时间成本

你的学习、你的玩耍嬉戏、你的衣食住行、你的吃喝拉撒睡……是不是生活中所有的事情都需要时间？

一川经营"冰雪奶茶"店是不是也需要时间？那么，一川的时间值多少钱呢？我们来一起算一算吧。

我们先来算一算第一个月。

第一个月利润是 27,400 元，营业天数按 30 天计算，每天营业时间按 10 小时计算，那么，一个月营业时间是 300 小时，每小时一川创造的价值是 27,400 元/月÷300 小时/月≈91 元/小时。如果停止营业一小时，就会损失 91 元，这 91 元就是一川一小时的时间成本；如果停止营业一天，就会损失 910 元，这 910 元就是一川一天的时间成本。

我们再来算一算疫情期间停业一个月的时间成本。

停业期间虽然没有了可变成本，但依然有不变成本 13,000 元。那么，一川每天、每小时损失多少呢？一天损失 13,000 元/月÷30 天/月≈433 元/天；一小时损失 13,000 元/月÷300 小时/月≈43 元/小时。考虑到正常营业情况下，每天收入 910 元，每小时收入 91 元，那么，疫情停业期间一川每天的时间成本是 910 元＋433 元＝1343 元/天；每小时的时间成本是 91 元＋43 元＝134 元/小时。

失去的时间能挽回吗？哈哈，除非你有穿越的本领。由于失去的时间造成的损失能挽回吗？当然也不能。同学们想一想，是不是失去了时间就失去了一切？

你浪费的时间以及由于浪费时间损失的价值都是时间成本。比如，别的同学都在学习、阅读、运动、参加社会实践等有价值、有意义的活动，而你却沉迷玩手机游戏，这样，你可能会失去将来成为科学家、工程师、艺术家、企业家……的机会，这就是你的时间成本。想一想，浪费时间是不是很可怕？

现在，一川的时间成本是按小时、按天计算，如果一川将来成了亿万身价的企业家，他的时间成本就会按分、按秒计算了。想一想，你的时间成本应该怎么计算？请把你浪费时间的行为写下来，看看有哪些无意义的事情浪费了你的时间？

文具店和奶茶店——沉没成本和机会成本

每一天，我们都面临着选择，一生中，我们要经历无数次选择。有时我们会因为纠结过去的投入——时间、精力、金钱、情感，而不甘心放弃，总想挽回曾经的失去，总想坚持到底就会胜利，结果，失去的更多；往往在山重水复疑无路的时候，会有多个机会出现在我们面前，考验着我们选择的智慧。如果我们有"沉没成本"和"机会成本"的思维，可能会给我们带来不一样的选择。

让孩子早一点儿拥有这样的思维，在生活中不断锻炼选择的智慧，人生会少走一些弯路。

沉没成本

一川在疫情期间失去的时间和收入，你玩手机浪费的时间，你由于一时冲动浪费的零花钱都像石沉大海一样再也收不回来了，沉没了，这些都是沉没成本。

我们一起来思考下面的问题。

1. 你玩游戏已经投入了很多时间和钱，你是为了不再浪费时间，果断放弃玩手机，还是不舍得失去已经充值的钱，把钱玩没了后再停止玩手机呢？

你为玩手机投入的时间和钱，已经是沉没成本了，也就是说不可能再收回来了。如果你因为不舍得钱，想把剩下的钱消费掉，那么，你会失去宝贵的时间，更有可能因为游戏的吸引投入更多的时间和钱，让你越陷越深；如果你果断放弃充值的钱和已失去的时间，那么，你会做更有意义和价值的事情。你会怎么选？

聪明的人会选择放弃沉没成本，开始更有价值的事情。

2. 如果你有一个交往了一年的好朋友，你们的友谊很好，你曾送给他玩具、漂亮文具或小零食，经常陪他一起玩，但后来你发现他有很多不良习惯，比如，不按时完成作业，上课不听讲，乱花钱等，你怎么规劝他都不改，这时，你会因为曾经投入到他身上的时间、钱和友谊，选择继续交往下去，还是果断离开他呢？

你为好朋友送出去的玩具、漂亮文具盒、小零食、陪他玩耍的时间、你们的友谊都是沉没成本了。如果你因为在他身上投入了时间、金钱和友情，不舍得失去这个朋友，那么，他的不良习惯会影响你，你想改变他，你会失去更多时间，甚至金钱和友情；如果你选择放弃这个朋友，那么，你会交到更多有共同兴趣和爱好的好朋友。你会怎么选？

聪明的人会选择放弃这个朋友（沉没成本），开始交往更有正能量的朋友。

沉没成本就是过去发生的，没有办法收回的，但不应该影响你现在决策的付出。你应该考虑的是未来可能发生的事情和收益，而不必纠结已经失去的东西。

机会成本

如果现在你手里有 10 万元钱，在你的学校门口有两个小项目可以投资，投资金额都是 10 万。一个是文具店，一个是奶茶店。

经过你的考察和预算，文具店每年利润 10 万元，奶茶店每年利润 15 万。你会选择投资哪个小项目呢？

你肯定会选择投资奶茶店，因为奶茶店的利润高。

你选择了投资奶茶店，那么，你就失去了投资文具店的机会，因为你手里只有 10 万元，投资奶茶店就不能投资文具店，投资文具店就不能投资奶茶店。你选择投资奶茶店赚 15 万元，同时失去投资文具店赚 10 万元的机会。投资文具店赚 10 万元是你选择投资奶茶店的机会成本。反过来，如果你选择投资文具店，那么，你的机会成本就是 15 万元。所以，你没有选错哦！

如果现在有三个小项目供你选择，奶茶店、文具店、小超市，同样你手里只有 10 万元，奶茶店年利润 15 万，文具店年利润 10 万，小超市年利润 8 万，那么，你选择投资文具店的机会成本是多少？选择投资奶茶店的机会成本是多少？选择投资小超市的机会成本又是多少呢？

机会成本是你放弃的价值最大的机会。所以，选择投资奶茶店的机会成本是 10 万元；选择投资文具店的机会成本是 15 万元；选择投资小超市的机会成本也是 15 万元。

除了投资要考虑机会成本，在你的生活中是不是很多事情也要用"机会成本"去思考呢？

如果你选择把更多的时间用于玩手机和一些对学习、成长无意义、无价值的事情上，那么，你将失去考上大学的机会，玩手机的机会成本是考上大学，你看看选择是不是非常重要？

在你做选择的时候，一定要考虑"沉没成本"和"机会成本"，这样你会比其他人更聪明。

社会实践——投资体验

孩子已经了解有关股票和基金的一点儿常识，但这些知识如果不用于投资实践，那么，过一段时间就忘记了，花在学习这些知识上的时间和精力就成了沉没成本，所以，强烈建议读到这本书的你给孩子创造真实投资的体验和经历，用你的身份证给孩子开一个股票账户和基金账户，给孩子一些钱去投资。有的家长认为这样做浪费孩子学习的时间，是不务正业，孩子的任务就应该是好好学习。你有这样的想法我不反对，但你要想一想，你教育孩子的最终目的是什么。孩子在三四年级这个年龄完全有能力做投资这样的事情，中国的孩子从小有投资实践的是凤毛麟角，你想让孩子将来与众不同，你就要给孩子创造异于常人的成长环境。

给孩子找一个投资导师，比如基金经理，让孩子了解更多的金融世界、钱生钱的奥秘，开阔孩子的视野。

社会实践——高档餐厅与快餐店的区别

爸爸妈妈会经常带孩子在外面就餐，这是一个培养孩子财商和商业意识的好机会。你可以带孩子去不同档次的餐厅，小到快餐店，大到星级酒店，让孩子仔细观察不同档次餐厅的经营模式，你可以让孩子从以下几个方面观察和记录。

1.地理位置

快餐店一般都开在流动人口多的地方，比如，火车站、机场、写字楼旁边；高档餐厅一般开在环境优美，停车方便的地方。

2.客户群体

快餐店的客户群体一般是在写字楼里的打工族，出差、旅游赶路的人；高档餐厅的客户群体一般是有应酬的人、富有的人、休闲的人。

3.菜品的种类、价格和质量

快餐店菜品一般是大众化的小吃、盖浇饭、面条等，种类较少，价格较低，人人消费得起，菜品质量一般般；高档餐厅的菜品有特色、有菜系，种类繁多，价格较高，很讲究菜品的质量，色香味俱全、精致。

4.客人就餐时长

快餐店的就餐时间一般 20 分钟左右；高档餐厅的就餐时间 1.5 小时左右，甚至更长。

5.服务

快餐店服务很少，有的快餐店几乎没有服务人员；高档餐厅服务周到，时时刻刻有服务人员在你旁边为你服务。

6.就餐环境。

快餐厅环境简洁，就餐客人比较拥挤，很多陌生人坐在同一张桌子就餐；高档餐厅环境优雅，空间大，装修考究，有封闭的雅间。

7.赚钱模式。

快餐店靠流量赚钱。你去快餐店吃饭，你会发现一张桌子或一个座位在午餐一个小时内会有多名顾客使用，这叫作翻台率。翻台率越高，也就是同一张桌子被重复利用的次数越多，快餐店越赚钱。你还会发现，快餐店桌椅等设施之间的空间很紧凑，尽量提高空间的利用率，这样在就餐的时间内，能够容纳更多的人，让店内每一平米的空间都能创造更大的价值，尽量增加平效，平效就是每平米的效率，每平米每天、每月或每年赚到的钱。翻台率和平效是快餐店赚不赚钱的重要标准。

高档餐厅靠价格和服务赚钱。高档餐厅的消费不会像快餐店那样每个人只有二三十块钱，一般每个人的消费都要从一二百起价，有的甚至是上万元。每一位客户一次消费的价格叫作客单价。客单价越高，服务就越好，酒店就越赚钱。

观察记录好这些内容，让孩子思考，如果让他经营一家餐厅，他会经营哪种餐厅，为什么？

社会实践——给妈妈过生日

让孩子给妈妈过一次生日。把过生日的预算全部交给孩子，让孩子独立策划并实操一次你的生日家宴（不要到外面的餐厅）。

第一步，让孩子独立思考如何给妈妈过一次有纪念意义的生日，根据你给他的预算独立策划一个方案。

第二步，让孩子根据他的方案调研所需物品的价格，看看方案与预算是否合适。

第三步，让孩子对自己的方案进行优化，重新分配预算。

第四步，引导孩子从以下几个方面优化方案。

1.邀请哪些人。让孩子自己去邀请，锻炼他的沟通能力。

2.准备做几道菜。原料、价格、购买（让孩子购买）、制作（让孩子参与）。

3.生日蛋糕。款式、价格、选择哪家蛋糕店、如何预定。

4.氛围打造。创造温馨氛围的用品，比如鲜花、彩灯、祝福语等。

5.宴会流程。这个问题交给孩子，对你保密，让孩子给你惊喜。

你看到这里，可能又要有疑问了，这样得浪费孩子多少学习的时间呀？相信我，如果你这样做，给孩子这样的成长的机会，你的收获会远远超出你的想象。孩子缺的就是这样的生活经历，这样的实践锻炼，这样找到自我成就感的机会。

社会实践——假期打工

孩子到了三四年级的时候，有一种特别想快快长大的欲望，渴望自己能够快一点儿成为大人，渴望了解成人的世界，了解社会。因为这时孩子已经开始向青春期过渡了。

假期的时候，可以让孩子到你工作的地方，了解不同岗位的工作内容（干什么）、工作方式和方法（怎么干）、对工作人员的要求（学历、能力、经验）、报酬（不同工作岗位的报酬为什么会不同）。

最好给孩子创造一次打工的机会。这需要你提前到孩子要去的地方做好沟通，如果能到亲戚朋友的地方打工几天更好。

你可以让孩子到餐厅做一个中午的服务员，到超市做一天收银员或理货员，到安全的小工厂做一些力所能及的劳动，到某公司帮助整理文件、打印文件等等。你可以选择不同种类、不同档次的工作，让孩子了解不同工作对社会运转的帮助和价值。

在你放心的前提下，放飞一下孩子。这是让孩子了解社会、认识金钱最佳的办法，当孩子拿到他自己打工赚来的钱，他会有强烈的成就感，会体验到赚钱的辛苦和快乐，会知道为什么要珍惜钱，会自动改变乱花钱的习惯。

社会实践——小生意升级

小朋友们，你的小生意是否在继续？

从现在开始，用你学到的有关成本的知识对你的小生意做一次统计。拿出你的小账本算一算到现在为止你的利润一共有多少。算好之后，思考一个问题：如何提高利润？

计算方法：按商品种类进行统计，每一种商品放在一页里进行统计和计算，如下表。如果同一种商品卖出了不同的价格，有几种价格就分几次统计。把每种商品的总利润相加就是你的小生意的总利润，快来看看你赚了多少钱了吧。

商品名称	销售次数	单位成本（买入价格）	总成本（单位成本×数量）	卖出价格	收入（卖出价格×数量）	利润	库存成本（库存数量×单位成本）
	第一次						
	第二次						
	第三次						
	· · · · · ·						
该商品总利润＝收入—总成本—库存成本							

Part 6　儿童财商教养法（10~12 岁，五、六年级）

一、二年级我们围绕零花钱，培养孩子对金钱的认知、管理和使用。三、四年级围绕资产与负债、资本利得与现金流、投资与风险、需要与想要以及有关成本的概念构建孩子的经济学思维。

五、六年级，孩子对财经方面的知识和新闻很感兴趣。据统计，10~12 岁的孩子有近一半读过财经方面的书籍，观看财经方面的新闻，所以，这部分内容主要是通过几个常见的经济、金融现象，引导爸爸妈妈和孩子一起探索财经世界，激发孩子关注和学习财经知识的兴趣。

五、六年级孩子的思维能力、自主学习能力、理解能力、数学计算能力都已经大大提高，同时，孩子的视野、对社会和经济的认知都在不断扩大，所以，建议让孩子阅读一些财经方面的书籍，关注财经新闻，鼓励孩子在遇到陌生的知识和概念时查找资料，自主学习。

另外，五、六年级的孩子已经进入青春期，独立意识越来越强烈，零花钱的要求也越来越多，消费习惯和消费观念基本形成，建议你可以增加一些孩子的零花钱，给孩子更多自主选择的时间和空间。

这部分我设计了如下几个主题：

为什么会有利息？——货币的时间价值。理解钱的时间价值，掌握利率和利息的计算方法。

怎么计算利息更划算？——单利与复利。掌握单利和复利的计算方法，理解复利的力量。

爸爸小时候的 100 元和现在的 100 元有什么区别？——利率与通货膨胀。掌握实际利率、名义利率与通货膨胀率三者的关系；理解钱为什么会贬值；建立投资意识。

零花钱怎么变多？——准备金与准备金率。掌握准备金和准备金率的概念；了解准备金率变化对流通中货币数量的影响；建立宏观经济的概念。

压岁钱与"儿童经济"——经济危机和金融危机。了解什么是经济周期和经济危机的简单成因；启发孩子探索经济发展规律的兴趣。

借钱投资好不好？——杠杆与风险。理解杠杆原理以及过渡使用杠杆的危害，增强风险意识。

和谁一起赚钱？——商业模式与盈利模式。了解什么是商业模式和盈利模式，建立商业意识和商业思维。

把小发明变成大事业——风险投资和私募股权。了解融资的简单流程，激发孩子追求自己的财富梦想。

为什么会有利息？——货币的时间价值

爸爸（妈妈）拿出100元钱，问问孩子："如果这100元钱给你，你打算拿这100元钱做什么？"让孩子写下他的计划，然后与孩子讨论："如果你将这100元钱借给别人，期限一年，你会得到什么？失去什么？"

接下来与孩子探讨下列问题：

1.如果现在你拿这100元钱买好吃的、好玩的，是不是可以享受一下消费的快乐？如果把这100元钱借给别人一年，在这一年时间里，你是不是失去了拿这100元钱消费的快乐？你不得不因为把钱借给别人而延迟消费的快乐，那么，向你借钱的人该不该给你一点儿回报呢？

2.如果你想把这100元钱存到银行里赚一点儿利息，现在把100元钱借给别人一年，你是不是失去了拿这100元钱赚利息的机会？那么，向你借钱的人是不是应该给你一点儿回报？

3.如果你想把这100元钱投到你的基金账户里，现在把100元钱借给别人一年，你是不是失去了拿这100元钱投资的机会？那么，向你借钱的人是不是应该给你一点儿补偿呢？

4.如果向你借钱的人拿着你这100元钱做生意，一年里赚了1,000多，那么，向你借钱的人是不是应该知恩图报，分给你一些利润呢？

5.你把100元钱借给别人，如果借钱的人赖账不还，你是不是要承担损失100元钱的风险？

6.你把100元钱借给别人，一年后还给你100元。一年后你发现原来你想买的那个玩具现在已经涨价到了 120 元，你这 100 元钱是不是不买不到你想要的那个玩具了？你的 100 元钱在过去的一年里贬值了，向你借钱的人是不是该给你一点儿补偿？

你把 100 元钱借给别人一段时间，你延迟了消费的快乐，失去了投资机会，承担了涨价的损失，还有可能承担损失的风险，而向你借钱的人拿着你的 100 元钱得到了很多好处，向你借钱的人应该给你回报或补偿，所以，钱应该有利息。

钱借出去应该获得回报，这个回报就是利息。

那么，如何计算利息呢？

如果你将 100 元钱借给别人，并约定一年后还你 110 元，那么，10 元就是利息，借出去的 100 元叫作本金。

利息÷（本金×时间）×100%得出一个百分数，叫作利率。

算一算你的利率：10 元/年÷（100 元×1 年）×100%＝10%，你的利率是每年 10%。

有了利率就可以计算存款利息或贷款利息。

利息＝本金×利率×时间。

拿出手机和孩子一起搜一搜当下银行的存款利率和贷款利率，和孩子一起算一算 100 元钱存银行，一年、两年……后，能取回本金和利息多少钱？如果从银行贷款（借）100 元，一年后、两年……要还银行本金和利息多少钱？

让孩子思考一下**银行是怎么赚钱的？**

让孩子算一算，手里的零花钱和压岁钱存到银行一年可以获得多少利息？

和孩子探讨一下，如果把零花钱或压岁钱借给别人该不该要利息？要多少利息？为什么？

怎么计算利息更划算？——单利与复利

让孩子把压岁钱借给你，比如，1 万元，借款期限 5 年，利率每年 5%，和孩子一起算一算每年可以获得多少利息？

第一年：10,000 元×5%＝500 元

第二年：10,000 元×5%＝500 元

第三年：10,000 元×5%＝500 元

第四年：10,000 元×5%＝500 元

第五年：10,000 元×5%＝500 元

每年可以获得 500 元的利息收入，利息总共 2,500 元。

或者，利息＝本金×利率×时间＝10,000 元×5%/年×5 年＝2,500 元。

接下来，换一种计算方法，将每一年的利息计入下一年的本金再计算利息，看看结果怎么样。

第一年利息：10,000 元×5%＝500 元；

第一年到期你欠孩子 10,000（本金）＋500（利息）＝10,500 元。

第二年利息：10,500 元×5%＝525 元。

第二年的利息比第一年的利息增加了 25 元。

第二年到期你欠孩子 10,500（本金）＋525（利息）＝11,025 元。

第三年利息：11,025 元×5%＝551 元。

第三年的利息比第一年的利息增加了 51 元。

第三年到期你欠孩子 11,025 元（本金）＋551（利息）＝11,576 元。

第四年利息：11,576 元×5%＝579 元。

第四年的利息比第一年的利息增加了 79 元。

第四年到期你欠孩子 11,576 元（本金）＋579（利息）＝12,155 元。

第五年利息：12,155 元×5%＝608 元

第五年的利息比第一年的利息增加了 108 元。

第五年年末你欠孩子 12,155 元（本金）＋608（利息）＝12,763 元。

利息总共：2,763 元。

第二种算法比第一种算法利息多了 263 元（2,763 元－2,500 元＝263 元）。

第一种算法叫单利，每年计算一次利息；第二种算法叫复利，将前一年的本金和利息都算为下一年的本金来计算利息。

让孩子思考一下，当你把钱借给别人的时候，怎么算利息划算？当你向别人借钱的时候，怎么算利息划算？把压岁钱借给爸爸妈妈该不该要利息？为什么？向爸爸妈妈借钱该不该给利息？为什么？

爸爸小时候的 100 元和现在的 100 元有什么区别？——利率与通货膨胀

爷爷奶奶或外公外婆、爸爸妈妈一起带着孩子去超市或商场，看看家庭常用的商品价格，比如，孩子喜欢的棒棒糖、文具、小食品、油盐酱醋、日常用

品等，爷爷奶奶、爸爸妈妈分别讲一讲你们小时候这些商品的价格是多少，然后，购买 100 元左右的商品。回家后，爷爷奶奶、爸爸妈妈分别算一算，你们小时候 100 元能买多少同样的商品，让孩子做对比，再举一个单个商品的例子，比如棒棒糖，爷爷奶奶小时候一个棒棒糖的价格大概是 1 角钱，爸爸妈妈小时候一个棒棒糖的价格是 5 角钱，现在一个棒棒糖的价格是 1 元钱。

问问孩子发现了什么问题？

同样的商品，价格在不断升高；同样的 100 元，能够买到的东西越来越少，这就是通货膨胀。我们常说，某某东西又涨价了，"涨价了"就是通货膨胀了。

同样 100 元钱，购买商品的数量在不断减少，说明钱的购买力在不断下降或者说钱在不断贬值。

让孩子思考一下，为什么会有通货膨胀？钱为什么会贬值？

这个问题可以这样引导孩子思考，爷爷奶奶讲一讲参加工作的时候（爸爸妈妈小的时候）每个月赚多少钱？爸爸妈妈再讲一讲现在每个月赚多少钱？

钱越来越多（货币的发行量越来越多）造成了通货膨胀，通货膨胀使商品的价格越来越高，造成钱的购买力下降，所以，钱越来越贬值。比如，你的一个玩具去年花 100 元买的，今年你去超市一看，变成了 105 元，今年要买同样的玩具就要花 105 元；去年妈妈带你去理发，价格是 30 元，今年价格变成了 35 元。

上涨的部分与原来价格的比值叫作通货膨胀率，比如（105 元－100 元）÷100 元×100%＝5%。

接下来带孩子一起上网查找在新闻中经常听到、看到的 CPI、PPI 是什么意思。

CPI 就是消费者物价指数，是与我们生活有关的商品和服务价格的变动情况，PPI 就是生产者价格指数，是企业购买原材料和支付工人工资价格变动的情况。如果 PPI 上涨，企业的生产成本就会上涨，那么，商品的价格也会上涨，CPI 会跟着上涨。

和孩子一起计算一下钱是如何贬值的。

比如，你把 100 元存入银行一年，利率是 3%。银行给出的利率，叫名义利率，3% 就是名义利率。一年以后，你可以取出 103 元。在这一年里，通货膨胀是存在的，名义利率减去通货膨胀率是实际利率。如果在这一年里，通货膨胀率是 2%，实际利率就是 3%-2%＝1%。从数字上看，你的钱从 100 元变成了 103

元，变多了 3 元，但从购买力上看，你的钱变成了 101 元，只变多了 1 元；如果通货膨胀率是 5%，实际利率是 3%－5%＝-2%，说明你现在从银行取出的 103 元的购买力比你存入银行时的 100 元钱的购买力少了 2 元钱，从数字上看多出了 3 元，但从购买力上看却少了 2 元钱，你一年前存入银行的 100 元实际上（购买力）变成了 98 元。

现实生活中，通货膨胀率一般都比名义利率高，也就是说你存在银行里的钱是在不断贬值的。从数字上看，你把钱存在银行里是变多的，但从购买力上看，你的钱是在减少的。

让孩子思考一下，既然钱存在银行里会不断贬值，那么，应该如何管理自己的钱呢？

零花钱怎么变多？——准备金与准备金率

拿出孩子的四个储蓄罐，问问孩子每个储蓄罐的钱是什么用途。

投资储蓄罐里的钱是用来做什么的？平时可不可以花掉？如果随便花掉会怎么样？

梦想储蓄罐里的钱是用来做什么的？平时可不可以花掉？如果随便花掉会怎么样？

爱心储蓄罐里的钱是用来做什么的？平时可不可以花掉？如果随便花掉会怎么样？

问问孩子零花钱是如何分配的？

比如，投资储蓄罐 20%、梦想储蓄罐 20%、爱心储蓄罐 20%、零花钱储蓄罐 40%。

拿出 100 元钱给孩子，让孩子按上面的比例将 100 元钱分配到四个储蓄罐里，然后，问问孩子可以自由支配的零花钱是多少？

再分别拿出 80 元、50 元，让孩子按上面的比例分配到四个储蓄罐里，算一算可以自由支配的零花钱各是多少？

现在调整一下四个储蓄罐的分配比例，投资储蓄罐 10%、梦想储蓄罐 10%、爱心储蓄罐 10%，零花钱储蓄罐 70%，让孩子重新分配一下，看看可以自由支配的零花钱有什么变化？

按从多到少，再从少到多，多次调整储蓄罐的分配比例，让孩子计算可以自由支配的零花钱数量，让孩子理解调整分配比例对零花钱多少的影响。

投资储蓄罐、梦想储蓄罐、爱心储蓄罐里的钱可以叫作准备金，准备用来投资、准备用来实现梦想、准备用来感恩。投资储蓄罐＋梦想储蓄罐＋爱心储蓄罐里的钱占总零花钱的比率可以叫作准备金率。

爸爸妈妈可以通过调节零花钱的多少，准备金率的变化，调节孩子可以自由支配的零花钱的多少。

这里的爸爸妈妈相当于中央银行，孩子相当于商业银行。带孩子上网查一查什么是中央银行，什么是商业银行。

银行也有准备金，商业银行要把个人和企业存到银行的钱，按比例存放在中央银行一部分，确保商业银行在遇到突然大量取款时，有相当充足的现金准备。

比如，当你把 100 元存进银行，银行要将 100 元中的一部分，比如 8 元、10 元交给中央银行管理，这 8 元、10 元就是存款准备金，剩下的 92 元或 90 元，商业银行才可以自己支配，主要是用来贷款。8 元、10 元在 100 元中占 8%、10% 的比率，就是存款准备金率。中央银行可以根据经济发展情况以及流通需要的货币量对存款准备金率进行调整。就像爸爸妈妈调整孩子四个储蓄罐的比例一样调节孩子零花钱的多少。

在听、看财经新闻时，经常会听到"降息""降准"这样的词。降息就是降低存（贷）款的利率，降准就是降低存款准备金率。还经常听到"上调（下调）准备金率多少多少个基点"。比如，上调存款准备金率 30 个基点。

基点是什么计算单位呢？

1 个基点等于 0.01 个百分点，即 0.01%，因此，30 个基点等于 0.3%。100 个基点等于 1%。

"上调存款准备金率 30 个基点"就是上调存款准备金率 0.3%，如果原来存款准备金率是 10%，上调存款准备金率 30 个基点后，存款准备金率变成了 10.3%。你存银行的 100 元，原来银行要拿出 10 元钱存入中央银行，现在要拿出 10.3 元存入中央银行。

"基点"看起来是一个很小的单位，但是，流通中的货币是以百万亿计算的，所以，一个基点相当于上亿的钱。

流通中的货币增加会造成通货膨胀，请你和孩子一起探讨一下，中央银行是如何通过调整利率和准备金率调节流通中的货币数量的？

压岁钱与"儿童经济"——经济周期与经济危机

　　在金钱的世界里，孩子最熟悉的莫过于自己的零花钱和压岁钱，通过压岁钱的变化可以让孩子简单了解经济周期和经济危机，了解经济发展变化的简单规律，增加对经济环境变化的理解。

　　和孩子一起探讨下列问题：

　　1.想一想每年大概能得到多少压岁钱？

　　2.百度一下全国有多少小学生，如果每名小学生春节期间消费500元，那么，全国小学生一共消费多少钱？

　　3.小学生消费的商品都有什么？

　　4.小学生消费的这些商品是由哪些工厂生产，由哪些商家销售的？

　　5.小学生的压岁钱在春节期间对经济会产生什么影响？

　　6.等过完年，开学了，压岁钱花光了，又会对经济产生什么影响？

　　有的同学压岁钱可以自己支配，有的同学压岁钱交由爸爸妈妈管理。不管怎么样，过年期间可以支配的钱一定比平时多一些，是吧？每个小朋友增多的钱虽然不多，但全国的小朋友增多的钱加起来那可是一笔巨款。全国小学生人数1亿多，如果过年期间平均每人增多500元，那就是500亿。当你手里的钱增多时，你花出去的钱是不是也会增多？过年期间，全国小朋友花出去的钱都会增多，那么，你们喜欢的好吃的、好玩的各种商品的销量是不是会增加很多？生产这些商品的工厂，销售这些商品的超市、商场是不是比平时多赚了很多钱？可是，等过完年，开学了，你们的压岁钱也基本花光了，那么，你们喜欢的好吃的、好玩的各种商品的销量是不是又下降到了平时的水平？生产这些商品的工厂，销售这些商品的超市、商场赚到的钱是不是也回到了平时的水平？然后，等到下一年过年又重复一次，每年如此。

　　这样不断重复的经济现象叫作经济周期。

　　经济发展的驱动力是钱，过年的时候，同学们手里的钱增多，支出增多，这样就促进了同学们喜欢的商品的生产和销售，"儿童经济"向上发展。年过完了，随着开学日期的临近，同学们手里的钱逐渐减少，花钱的速度也降下来了，"儿童经济"就会向下发展，那些生产儿童商品的工厂、销售儿童商品的超市、商场继续等待下一个周期的到来。

如果我们把"儿童经济"放大到所有的经济领域，就是我们说的经济周期。

国家为了促进经济的发展，会放宽货币政策，让中央银行降低存款准备金率和贷款利率。降低存款准备金率，商业银行可以贷出去的钱增加，货币供应量就会增加；降低贷款利率，贷款（借钱）的成本降低，企业和个人愿意贷款（借钱）进行生产和消费，这样企业生产增加，就业增加，工资增加，消费增加，贷款买房的人增加、贷款买车的人增加、贷款投资的人增加、贷款消费的人增加，市场上流通的货币增加，商品价格上涨。虽然商品价格不断上涨，投资价格不断上涨，比如房地产、股票等价格都不断上涨，但繁荣的经济景象让人们对未来充满信心，经济不断发展。

但这种繁荣不可能一直持续下去，因为，贷款总是要还的。贷款是透支未来的钱，有可能在未来某个时候很多人会变成穷光蛋。

经济周期向上发展的时候，看似很有钱，但债务在不断积累，不断增多，慢慢地，还不上钱违约的企业和个人不断增多，而且货币供应量过度增加还会引起一个更严重的问题——通货膨胀。为了让经济平稳发展，当经济发展过快的时候，国家又会收紧货币政策，让中央银行提高存款准备金率、存款利率和贷款利率，将市场上过多的货币收拢回来。提高存款准备金率商业银行可以贷出去的钱减少，货币供应量就会减少；提高贷款利率，贷款（借钱）的成本增加，企业和个人贷款（借钱）生产和消费的意愿就会减弱，市场上流通的货币就会减少；提高存款利率，人们更愿意将手里的钱存入银行，减少消费，同样可以减少市场上流通的货币。市场上的钱减少了，交易就会减少，商品的价格就会下降，经济开始向下发展。

无论是促进经济发展，还是防止经济发展过快，国家的政策都要适度，否则就会造成经济危机和金融危机。比如，生产儿童食品的工厂，看到你们的压岁钱不断增多，于是这些工厂会在你们的压岁钱到来之前拼命生产，贷款购买设备和原材料，都想在过年的时候大赚一把，这样就造成生产出来的儿童商品远远超过你们能够消费的数量，结果会怎样呢？大量的儿童商品积压，过期，销售不出去，甚至会成为垃圾扔掉，造成了"儿童经济"危机。把"儿童经济"危机放大到所有的经济领域，如果各行各业到处都是过剩的产品，就是经济危机。

　　经济危机往往会引起金融危机。一旦产生经济危机，过多的产品销售不出去，那么，工厂收不回来钱，欠银行的贷款还不上，工厂停产，企业裁员、降薪，导致失业人员增加，人们的收入减少，消费能力降低，消费能力降低进一步影响商品销售，造成恶性循环。企业与企业之间、企业与银行之间，甚至个人与个人之间的债务得不到解决，最后造成整个社会的资金链断裂，这样又可能引发金融危机。金融危机会影响到我们每个人的生活，失业、物价上涨、企业倒闭，有的人还不起房贷，有的人还不起车贷，有的人还不起信用卡等，会让很多人债务缠身，陷入窘境，人们的生活质量大大降低。

　　所以，聪明的人、有经济学思维的人不但会在经济向上发展的时候赚钱，更会为经济向下发展做好准备。记住花钱的原则——量入为出、留有余地、防患于未然。

　　引起经济危机和金融危机产生的原因和过程很复杂，让孩子阅读相关书籍和网上资料，慢慢了解。

　　和孩子一起思考一下，由于有经济周期、经济危机和金融危机的存在，应该如何管理自己的投资和钱呢？

借钱投资好不好？——杠杆与风险

　　用家里常见的物品，比如拖布杆、木棍等，与孩子一起做杠杆实验，让孩子理解杠杆原理——用很小的力可以撬动很重的东西。

　　爸爸妈妈有没有借钱给孩子买东西的案例？（6~8岁那一章"种下金钱的种子"）

　　如果有，你可以用那个案例让孩子理解什么是金融杠杆。

　　如果没有，可以现在做。问问孩子有没有想要的东西，价格贵一点的，比如400元钱的东西，让孩子自己出资100元，爸爸妈妈借给孩子300元，然后，和孩子约定每月从零花钱中扣除本金和利息，比如，每月120元，分3个月还清。这样，孩子可以用手里的100元得到400元的东西，就像利用杠杆一样，用很少的钱得到一个价格远远多于自己手里的钱的东西，以小博大，这就是金融杠杆。

　　让孩子思考一下："现在你利用金融杠杆得到了你想要的东西，满足了自己的欲望，那么，在未来的三个月你会遇到什么问题？"

利用金融杠杆满足了眼前的需求，但在未来的 3 个月会面临零花钱拮据的窘境。

杠杆原理用在钱上叫作金融杠杆，借别人的钱达到自己的目的，就是利用金融杠杆。

接下来和孩子一起算一算，如果利用杠杆投资会怎么样？

比如投资股票，假设孩子辛辛苦苦攒了一年零花钱和压岁钱，一共 1 万元。

"爸爸看好一只股票，价格是 20 元/股，预计一年后会涨到 40 元/股，算一算 1 万元能买多少股股票？一年后能赚多少钱？"

10,000 元÷20 元/股＝500 股；500 股×40 元/股－10,000 元＝10,000 元。

"爸爸想让你多赚点钱，决定借给你 1 万元，不要利息，但是，一年后必须按时还给爸爸。算一算你能赚多少钱？"

20,000 元÷20 元/股＝1,000 股，可以买到 1,000 股，比原来多了一倍；1,000 股×40 元/股＝40,000 元；还给爸爸 1 万元，还剩 3 万元，原来只有 1 万元，一年后变成了 3 万元，通过加杠杆（借钱投资）多赚了 1 万元。

接下来再算一算，一年后股票价格没有像预期那样涨到 40 元/股，反而下跌到了 10 元/股，结果是什么？

1,000 股×10 元/股＝10,000 元，全部还给老爸。辛辛苦苦攒的零花钱和压岁钱，从 1 万元变成了 0 元，一夜之间损失掉所有的积蓄。

再算一算，一年后股票价格跌倒 5 元/股、2 元/股，结果怎么样？如果借 2,000 元、5,000 元结果会怎么样？

事情往往不向你预期的方向发展，尤其在股市，谁都无法预料未来的行情会怎么样，这就是借钱投资带来的风险。如果不加杠杆（不借钱），可以选择继续持有，等到赚钱时再卖，即使 10 元/股的价格卖掉了，还能剩 5,000 元（500 股×10 元/股＝5,000 元），借钱投资很容易让自己的财富一夜归零，甚至负债。

打开某个股票软件，和孩子一起看看一些股票价格变动的情况，让孩子感知投资的收益和风险。

利用杠杆可以放大收益，同时也放大风险。切记，可以加杠杆（借钱），但杠杆不能太大（不能借太多钱）。手里有 1 万元，借 1 万元，相当加了一倍的杠杆。

凡是借钱投资、消费都是利用金融杠杆，是花未来的钱满足现在的需求，背后蕴藏着很大风险，因为未来是不确定的，一旦事情的发展和你的预期相反，你必须承担风险。

杠杆是要用的，但要记住利用杠杆的原则——一定要在你可承受的能力范围之内。

但你也要记住，成功总是站在风险背后等着你！

给孩子讲一讲，生活中，你有哪些地方用到了金融杠杆以及带来的收益、风险和窘境，比如贷款买房、买车，贷款做生意等，提高孩子的风险意识和敢于冒险的精神。

和谁一起赚钱？——商业模式与盈利模式

孩子有没有坚持做小生意、摆地摊？即使没有坚持做，但也一定有过摆地摊的经历，可以通过孩子做小生意或摆地摊的经历让孩子了解什么是商业模式和盈利模式，建立孩子的商业意识和商业思维。

拿出笔和纸，和孩子一起画一画做小生意或摆地摊时，需要跟哪些人打交道？和哪些商品打交道？怎么打交道？

首先，要和批发商或厂家打交道，有的是面对面沟通，有的是线上沟通，要和批发商或厂家讨价还价，要说清楚一些商品的售后服务，比如，快递费谁负责，剩余商品可不可以退换等；其次，要和消费者打交道，比如，如何与消费者讨价还价，要不要打折、进行买一赠一等活动，商品需不需要售后服务，如何吸引消费者的注意力等；再次，与市场管理人员或城管人员打交道，要取得政府的许可。最后，可能还要与投资人（爸爸妈妈）、合作伙伴打交道，比如，如何取得爸爸妈妈的帮助，如何与小伙伴合作，如何分配利润、承担风险等。

批发商、厂家、消费者、市场管理人员、城管、爸爸妈妈、合作伙伴，这些人都和你的生意有关，都和你赚钱有关系，必须处理好和他们的关系，有一个关系处理不好都会影响你的生意。与这些和你的利益有关系的人建立关系、处理关系的方式、方法合起来就是你的商业模式。

建立好这些关系（商业模式）才能顺利地赚钱，小生意或摆地摊主要是通过低买高卖赚钱，低买高卖就是你的赚钱模式，或者叫作盈利模式。盈利模式就是你赚谁的钱，怎么赚。比如，如果卖玩具，那就要赚小孩儿的钱；怎么赚？

可以低买高卖赚差价，也可以出租玩具赚租金。

和孩子一起上网查一查有哪些商业模式，比如，京东、淘宝等购物网站；美团、饿了么等外卖网站；爱奇艺、优酷等视频网站；QQ音乐、酷狗音乐等音乐网站；肯德基、麦当劳、真功夫、喜茶等餐饮品牌；大型超市、商场、农贸市场都是什么商业模式和盈利模式。

无论生意大小都有商业模式和盈利模式。商业模式就是把所有与你或你的公司相关的人事物整合起来，让所有的人（商品、服务的提供方、你的员工、你的股东、你的消费者）都能获得最大的好处，让所有的事情都能够顺利进行，让所有的物都能发挥最大用处，从而实现你赚钱的理想和目标。

有的商业模式很简单，有的商业模式很复杂，但无论简单与复杂，核心是如何与人合作，让别人赚到钱你就能赚到钱，你的公司就能够长久。

带孩子考察、调研身边的各种商业场所和生意人、企业家、公司老板，阅读一些相关书籍和资料，锻炼孩子理解和设计商业模式的能力，为未来成为企业家做好准备。

把小发明变成大事业——风险投资和私募股权

随着社会和科技的发展，创业是每个孩子未来需要面对的问题，所以，从小培养孩子的创业意识和创业能力很重要，从小拥有财富梦想对孩子的成长和未来很有启发和指引意义。除了给孩子准备一点创业资金，更要让孩子了解如何利用金融资本实现自己的财富梦想，让孩子对自己的未来充满信心。

首先让孩子统计一下，投资储蓄罐、投资账户、银行卡里一共有多少钱？看看自己从小到大积累了多少财富，然后，和孩子探讨一下长大后的财富梦想。

让孩子想一想，长大后做大生意、大事业需要很多很多钱的时候，钱从哪里来呢？

孩子可能想到的是自己努力储蓄，爸爸妈妈给投资，向朋友借。告诉孩子，这些方法当然不错，但不可能满足做大生意、大事业的资金需求。

孩子还可能会想到去银行贷款。去银行贷款是个好办法，但银行贷款是需要抵押的，如果没有可以用来抵押的资产，如房产、土地等，银行是不会借钱的。首先要想一想自己将来有没有可以用来抵押的资产，并且，用房子抵押贷款，如果生意失败了，房子会被银行拍卖。

当你否定了孩子这些想法后，孩子会很失望，这时，你要告诉孩子，想做大生意、大事业自己的钱是不够的，要学会利用金融资本——风险投资。

让孩子从小树立一个观念——只要有好的发明创造和商业模式就会吸引风险投资。鼓励孩子用学到的知识和自己的聪明才智进行发明创造和商业模式设计。

和孩子一起查资料或阅读相关书籍，了解什么是风险投资和私募股权以及成功融资的故事。无论孩子长大后能不能成功，但不能让孩子没有对成功的追求和动力。

下面简单介绍一下什么是风险投资和融资的简单过程。

投资就投资呗，为什么叫风险投资呢？"风险投资"顾名思义是有风险的投资，而且是有高风险的投资，当然，高风险意味着高收益，所以，在金融市场上有一批人和基金专业做风险投资。风险投资简称风投，英文简称VC(Venture Capital)。

第一个看好你的商业模式或发明创造，给你投资的人叫作天使投资人，你的首次融资成功叫作天使轮。天使轮投资金额不会太大，一般在100万到1,000万之间，占你公司一部分股份，并和你签订一系列投资协议。

有钱了，你会夜以继日地工作，加快产品研发、招募人才、建立团队、市场验证，很快花光天使轮的投资，但努力已初见成效，产品已成熟，公司正常运营，商业模式和盈利模式验证成功，你的公司由原来几百万的价值增加到了几千万的价值。这时，让你更兴奋的事情来了，专业风险投资机构决定给你投资，你将获得第二次风险投资，一般叫作A轮，A轮投资金额一般在1000万到1亿。这时，天使投资人可以卖出他的股份，赚到他想赚的钱，也可以继续保留股份，等待更大的赚钱机会。

由于你的商业模式已经很成功，所以，公司业务迅速扩张，生产投入、市场投入、人员投入快速扩大，你已经看到了成功的曙光了，可是，钱又要花光了。但是，这时你更不用担心，因为，你的公司已经在行业内有了很强的竞争力和地位，想给你投资的人都已经开始排队了。你很快就得到了第三次风险投资，成功获得了B轮投资，B轮投资一般在2亿以上。有的天使轮投资人和A轮投资人会抓住机会，卖掉他们的股份，成功变现，有的天使轮投资人和A轮投资人也会陪着你的公司继续前行。

在 B 轮投资的时候，会有新的投资机构加入，即私募股权投资机构。私募股权和风险投资有一点类似，但私募股权对风险的规避比风险投资高，一般投资已经有上市基础的公司。私募股权简称私募，英文简称 PE(Private Equity)。

你的公司已经插上了起飞的翅膀，商业模式和盈利模式更加成熟，公司规模进一步扩大，用户量迅猛增长，已经在行业内处于领导地位，即将为上市作准备。此时，你的公司需要更大笔资金注入，会有更大的投资机构来为你助力，第四次融资开始，你获得了 C 轮投资。C 轮投资一般在 10 亿以上。

你已经可以开始准备上市（IPO）了。

不负众望，在你和你的团队、投资人的共同努力下成功上市。

所有的投资人都得到了几倍、十几倍，甚至几十倍的收益，跟着你一起创业的伙伴们都成了百万富翁、千万富翁，当然，你就是亿万富翁了，但是，你离一名真正的企业家还有很远的路要走，你要担负起更大的责任，为全体股东负责，为社会负责，为国家和民族负责。

写在最后

我探索儿童财商教育是源于我的教育理念"教育要为孩子成长服务，为孩子未来服务"。最初只是一个单纯的想法，就是想在我自己的幼儿园和学校给孩子更好的教育，在孩子形成意识、观念和习惯的童年给孩子适应未来发展的教育。没想到，一个单纯的想法慢慢形成了一套课程，虽然不够完善，但受到了很多同行和父母的认同。

自从"财商"进入我们的视野，到现在已有 20 多年，"90 后"的父母已经越来越重视孩子的财商教育。借此机会，把我多年的教育心得分享给大家，希望读到这本书的父母能够在此基础上完善、升华，给孩子更好的财商教育和金钱教育，让孩子未来更成功，更幸福。

虽然已经写到最后，但感觉有很多很多东西没有写好，没有写出来。本来想从 3 岁写到 18 岁，从幼儿园写到高中，但后来想了想没必要写太多，因为现在这个世界变化太快了，代沟太大了，尤其是十几岁的孩子对世界的认知远远超过我这个年龄对世界的认知，写多了就脱离时代了，还是让孩子们自己去探索未知的世界，创造属于他们的辉煌吧。

最后，祝愿所有孩子都有一个充满想象力和造成力的童年，都有一个伴随财富成长的经历，拥有幸福美好的未来！

感　谢

　　《儿童财商教养法》的诞生，要特别感谢易水，他是一个年轻，有远见，有教育情怀的基金经理，他说财商教育是"90后"父母特别想要的，建议我写这本书。

　　感谢我的财商老师朱鹰老师，他在我探索儿童财商教育的路上给了我巨大的支持和鼓励。

　　感谢参与探索儿童财商教育的孩子和家长，孩子让我的团队获得灵感，家长的支持让我获得研发动力。

　　感谢与我一起探索儿童财商教育团队的所有成员。

　　最后，感谢我的妻子，感谢她这么多年的默默支持和鼓励。

推荐阅读

《蒙特梭利教育经典原著》，作者【意】玛丽亚·蒙台梭利。适合幼儿父母和准父母阅读。

《儿童财商启蒙绘本》，作者金文婷，海豚出版社。适合三岁以上幼儿阅读。

《小狗钱钱》，适合三年级以上学生阅读。

《富爸爸穷爸爸》，作者【美】罗伯特·清奇。适合家长、三年级以上学生阅读。

《小岛经济学》，作者【美】彼得·希夫，中信出版社。适合三年级以上学生阅读。

《经济学原来这么有趣》，作者钟伟伟。适合三年级以上学生阅读。

《图解资本论》，华侨出版社。适合五年级以上阅读。

《洛克菲勒写给儿子的 38 封信》，作者【美】洛克菲勒。适合家长阅读。

《儿童技能教养法》，作者【美】本·富尔曼，华夏出版社。适合家长阅读。

《周期》，作者【美】霍华德·马克斯，中信出版社，适合家长阅读。

《投资最重要的事》，作者【美】霍华德·马克斯，中信出版社。适合家长阅读。

《小学生的心思——5~12 岁关键心智养成》，作者【美】斯坦利·格林斯潘，华夏出版社。适合家长阅读。

附录1：儿童财商训练教具使用方法

一、数与量的对应＋10以内分解与组成

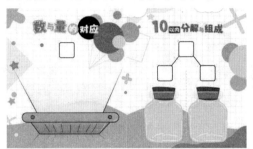

①妈妈（爸爸）任意拿出一个字卡，放在"字卡位置"，比如 **4元**，如下图，放好后大声读出来"4元"。

②让孩子摆上对应的4枚1元硬币，一边摆一边大声数"1元、2元、3元、4元"。

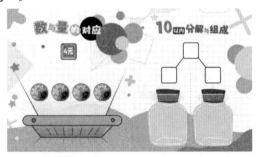

③把字卡 **4元** 移到右侧"10以内分解与组成"的"字卡位置"，如下图。

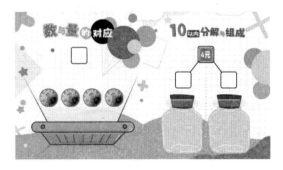

④让孩子拾起硬币。

⑤让孩子把手中的4枚硬币任意分配到两个"瓶子"里，比如：

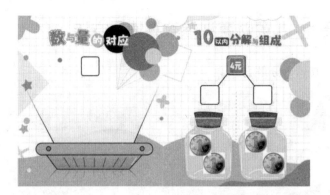

问孩子："4元可以分成几元和几元？"开始训练时，如果孩子不理解，妈妈（爸爸）引导孩子"4元可以分成2元和2元"。

⑥在对应的字卡位置放上字卡，如下图，带孩子一边指画一边大声读出来："4元可以分成2元和2元，2元和2元合起来是4元。"

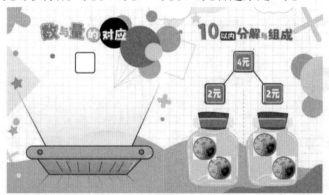

⑦让孩子重新分配4枚硬币，重复上述过程。

⑧妈妈（爸爸）拾起下面的两个字卡，让孩子拾起硬币。

⑨让孩子按"1枚和3枚、2枚和2枚、3枚和1枚"的顺序分配4枚硬币，并摆上对应的字卡，一边摆一边说出来："4元可以分成1元和3元，1元和3元合起来是4元。""4元可以分成2元和2元，2元和2元合起来是4元。""4元可以分成3元和1元，3元和1元合起来是4元。"

⑩用2角~10角、2元~10元字卡重复训练。

待孩子能够用硬币和字卡熟练进行10元（角）以内的分解与组成后，抛开硬币和字卡，只用数字卡训练，尝试让孩子向抽象思维过渡。如果抛开硬币和字卡，只用数字卡，孩子不能理解，那么，不要强迫孩子用记忆的方式学习，否则会破坏孩子的思维构建。

二、兑换天平

兑换天平用于训练不同币值之间的兑换，为进退位加减打基础，比如：

①妈妈（爸爸）拿出 1 枚 1 元硬币放在左侧，问孩子："1 枚 1 元可以换成几枚 1 角？"

②妈妈（爸爸）："1 枚 1 元可以换成 10 枚 1 角，1 枚 1 元和 10 枚 1 角一样多。"让孩子数出对应的 1 角硬币放在右侧，"1 枚 1 元硬币可以买一支棒棒糖，10 枚 1 角硬币也可以买一支棒棒糖，所以，1 枚 1 元和 10 枚 1 角一样多。"

③妈妈（爸爸）拿出 10 枚 1 角硬币放在左侧，问孩子："10 枚 1 角可以换成几枚 1 元？"

④妈妈（爸爸）："10 枚 1 角可以换成 1 枚 1 元，10 枚 1 角和 1 枚 1 元一样多。"让孩子数出对应的 1 元硬币放在右侧。

爸爸妈妈可以在左侧放入任意的不同面值货币或货币组合，然后让孩子在右侧放入等值的其他面值货币或货币组合，训练孩子的数学思维。比如：

三、20 以内进位加法

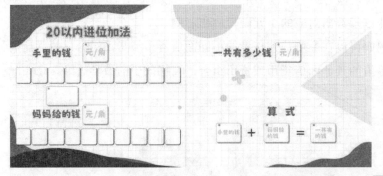

①妈妈（爸爸）拿出一个数字卡放在"手里的钱"位置，比如 **8**，一边放一边说："你现在手里有 8 元钱。"

②让孩子数出对应的 1 元硬币，放在下面对应的方框内，如图。

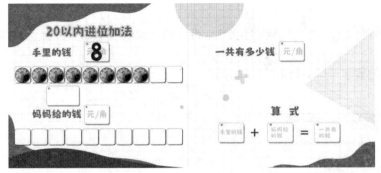

③妈妈（爸爸）给孩子7枚1元硬币，让孩子一边数一边放在下面的方格内，问："妈妈给了你多少钱？"然后让孩子找到对应的数字卡放在"妈妈给的钱"位置，一边放一边说："妈妈给了我7元钱。"如图。

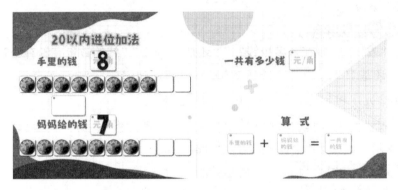

④问："你手里有8元钱，妈妈又给了你7元钱，你一共有多少钱？"

⑤让孩子点数所有的硬币，"1元、2元……15元。""一共有15元。"

⑥妈妈（爸爸）把下面的2枚硬币拿到上面，如图。

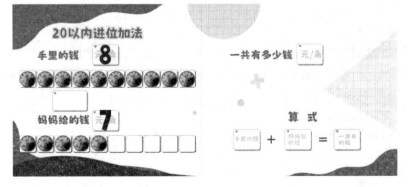

⑦让孩子数一数上面一行有多少钱？"10元。"问："10个1元可以换成几个10元？""10个1元可以换成1个10元。"让孩子将10枚1元换成1

张 10 元纸币,将数字卡 **8** 换成 **10**。然后,再让孩子数一数下面一行有多少钱?
一边数一边把数字卡 **7** 换成 **5**,如图。

⑧问:"看一看,现在是多少钱?""还是 15 元。""钱的数量有没有变?"
"没有变,还是 15 元。"重复上述动作,一边摆一边解释:"7 元加 8 元,从
7 元中拿出 2 元,和 8 元凑成一个 10 元,还是 15 元。"

⑨"你手里有 8 元钱,妈妈又给了你 7 元钱,你一共有多少钱?"让孩子
把数字卡放在"一共有多少钱"位置,如图。

⑩摆算式,一边摆一边说:"8 元加 7 元等于 15 元,8 加 7 等于 15。"如图。

模仿上述过程，训练任意 20 以内进位加法。

待训练一段时间后，抛开"20 以内加法板"和钱币，只用数字卡或手写算式检验效果。如果抛开"20 以内加法板"和钱币，孩子不能熟练计算，说明孩子还没有从表象思维过渡到抽象思维，应继续用加法板和钱币进行训练。千万不要急于抛开加法板、钱币或其他实物，孩子需要从表象思维向抽象思维过渡，如果表象认知基础没有打牢，孩子很难建立抽象思维，这样会影响孩子思维的建构。

四、20 以内退位减法

①妈妈（爸爸）拿出一张 10 元纸币和 6 枚 1 元硬币，让孩子一边数一边放在"手里的钱"下面的位置，问："妈妈手里有多少钱？"让孩子数一数，说出"16 元"，然后再放上对应的数字卡，如图。

②问："妈妈手里有 16 元，花掉 7 元，还剩多少钱？"一边问一边把数字卡 7 放在"花掉的钱"位置。让孩子一边数一边拿掉 1 元硬币，"一元、两元、三元、四元、五元、六元。"问："够不够 7 元？""不够七元，怎么办呢？"

③将6枚1元硬币重新放回原来的位置，问："1张10元纸币可以换成多少枚1元硬币？"让孩子将1张10元纸币兑换成10枚1元硬币，一边数一边放在下面一行，同时，拿走10元纸币，如图。

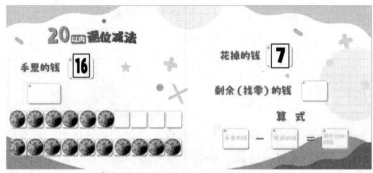

④问："数一数现在是多少钱？""还是16元。"

⑤问："如果妈妈花掉7元，还剩多少钱？"让孩子从下面一行一边数一边拿掉7元，然后再数一数剩下多少钱？在"剩余（找零）的钱"位置放上对应的数字卡，如图。

妈妈（爸爸）："如果个位上的数不够减，可以把1个10元换成10个1元，然后再减掉7元。"

⑥摆算式，一边摆一边说："16 元花掉 7 元还剩 9 元，16 减 7 等于 9。"
如图。

模仿上述过程，训练任意 20 以内退位减法。

待训练一段时间后，抛开"20 以内减法板"和钱币，用数字卡或手写算式
检验效果。如果抛开"20 以内减法板"和钱币，孩子不能熟练计算，说明孩子
还没有从表象思维过渡到抽象思维，应继续用减法板和钱币进行训练。千万不
要急于抛开减法板、钱币或其他实物，孩子需要从表象思维向抽象思维过渡。

五、低买高卖

"低买高卖"配合"模拟批发市场"和"模拟小超市"，通过买卖游戏让
孩子理解"钱怎么变多""低买高卖"。

①爸爸（妈妈）扮演"模拟批发市场"的商家，让孩子在"模拟批发市场"
购买商品，比如一个价格 5 元的小玩具。

②孩子扮演"模拟小超市"的收银员，给小玩具定价，并贴上价格标签，
比如 7 元。

③妈妈（爸爸）扮演"模拟小超市"的购物者，购买小玩具。待游戏活动
结束后，与孩子一起用"低买高卖"模拟买卖游戏过程。

④问："在'批发市场'买东西花出去的钱是多少？"然后，让孩子将买东西花出去的钱的数量摆在左侧一列，如图。

⑥问："在'小超市'卖东西收回来的钱是多少？"然后，让孩子将卖东西收回来的钱的数量摆在中间一列，如图。

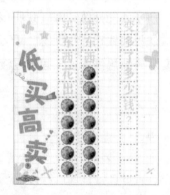

⑦问："买东西花出去的钱"和"卖东西收回来的钱"哪个低，哪个高？高出了几个？

⑧让孩子把高出的 2 个硬币移到右侧一列，问："钱变多了，还是变少了？变多了多少钱？"如图。

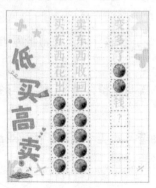

⑨用 1 角或 1 元硬币进行买卖游戏，让孩子理解什么是低买高卖。

六、数位与财务数字认读

两位数认读

①拿出两张数字卡，如 **2** 和 **5**，把 **5** 放在"个位"下面，让孩子大声读出来，把 **2** 放在"十位"下面，问："2 和 5 并列在一起（25）怎么读？"

②认识数位。"这个'5'的位置（手指个位上的 5）叫作个位，这个'2'的位置（手指十位上的 2）叫作十位。"让孩子一边指一边说："这个位置叫作个位，这个位置叫作十位。"让孩子熟记两个数位的名称。

③练习读数。"个位是五，十位是二，二十五。"

拿出数字卡，在"个位""十位"下面依次摆放 0-9 数字卡，认读 1-99 数字。

④拿出一张 ¥，"这是人民币符号。""数字前面加上人民币符号表示钱

的数量。"把¥放在数字前面，读作"人民币二十五元。"如图。

将任意两位数前面加上¥，让孩子认读。

三位数认读

①拿出三张数字卡，如 **3 2 5**，把 **5** 放在"个位"下面，把 **2** 放在"十位"下面，让孩子大声读出来，然后，把 **3** 放在"百位"下面，问："3、2、5并列在一起（325）怎么读？"

②认识数位。问："'5'的位置（手指个位上的5）叫什么？""'2'的位置（手指十位上的2）叫作什么？"

"'5'的位置叫个位，'2'的位置叫十位，'3'的位置叫百位。"

让孩子一边指一边读，熟记三个数位的名称。

③练习读数。"个位是五，十位是二，百位是三，三百二十五。"

拿出数字卡，放在"个位""十位""百位"下面，练习认读任意三位数。

④拿出一张¥，"这个符号叫什么？"把¥放在数字前面，如图。问："怎

么读？""人民币三百二十五元。"

将任意三位数前面加上¥，让孩子认读。

四位数认读

①拿出四张数字卡，如 **1325**，把 **5** 放在"个位"下面，把 **2** 放在"十位"下面，把 **3** 放在"百位"下面，让孩子大声读出来，然后，问："1、3、2、5 并列在一起（1325）怎么读？"

②认识数位。问："'5'的位置（手指个位上的5）叫什么？""'2'的位置（手指十位上的2）叫作什么？'3'的位置（手指百位上的3）叫什么？"

"'5'的位置叫个位，'2'的位置叫十位，'3'的位置叫百位，'1'的位置叫千位。"

让孩子一边指一边读，熟记四个数位的名称。

③拿出一张'，问："这个符号叫什么？""逗号。"把'放在"百位"和"千位"之间，问："为什么会有一个小逗号呢？""小逗号是为了方便记

住数位，小逗号前面第一位是'千位'，当你看到小逗号前面的数字时就可以读几千。"如图。

④练习读数。"个位是五，十位是二，百位是三，千位是一，一千三百二十五。"

拿出数字卡，放在"个位""十位""百位""千位"下面，练习认读任意四位数。

⑤拿出一张 ¥，"这个符号叫什么？"把 ¥ 放在数字前面，如图。问："怎么读？""人民币一千三百二十五元。"

将任意四位数前面加上 ¥，让孩子认读。

模仿四位数的方法，教孩子认读五位数、六位数。可以根据孩子的能力认读五至九位数。待孩子能够熟练认读后，可以让孩子听写。

附录 2：推荐几个家庭财商亲子活动

1. DIY 手工品销售：让孩子选择一种手工制品并用自己的方式制作，然后卖给自己的家人或朋友。让他们学会制订价格、推销技巧、成本核算等基本的销售技能。这个活动可以培养孩子们的创新能力和销售能力，同时也能够帮助他们更好地理解商业运作的基本规律。

2. 购物计划活动：和孩子一起制订一个购物计划，比如妈妈的生日晚宴计划、开学用品准备计划、周末晚餐计划等，列出需要购买的物品和对应的价格，并根据事先设定的预算做出购买决策，培养孩子规划和使用金钱的能力。

3. 购物猜价格：制作一些商品图片并在后面写好商品的价格，让孩子猜测它们的价格，并检查他们的猜测是否准确，锻炼孩子的价格敏感度和价值判断能力。

4. 货比三家：让孩子在给定的预算内购买一件物品，并在不同商店比较价格和质量，做出最佳选择。有助于孩子学习如何作出理性的购买决策和比较不同的选项。

5. 采购小达人：给孩子们一定的预算，让他们去超市采购食物和日用品。他们需要在限定预算内购买尽可能多的东西，并保证所选商品质量和价格的优势。

6. 玩具交换会：孩子们可以将自己的旧玩具拿到活动现场，和其他孩子交换他们的玩具。这个活动可以帮助孩子们学习物品价值和交换的概念。

7. 钱币鉴赏家：带孩子到买卖钱币的市场，学习如何识别各种钱币，包括硬币和纸币，了解各种货币的历史和文化背景。

8. 儿童创业日：让孩子当一回小老板，自己经营一个小型的商业活动。例如，出售自制的小吃或者制作手工艺品等，体验赚钱的辛苦和快乐，感知爸爸妈妈工作的辛苦。

9. 财经故事会：让孩子阅读一些有关经济、金融教育的故事，并分享给爸爸妈妈、兄弟姐妹和其他小朋友，帮助他们理解经济、金融知识的重要性。

10. 制作家庭预算表：让孩子参与制作家庭预算表，帮助他们了解家庭经济状况，并理解开支的必要性和紧迫性。